Manfred Arnold/Jochen Haller

Landmaschinen der Welt

Motor buch Verlag

Einbandgestaltung: Louis Dos Santos

Eine Haftung des Autors oder des Verlages und seiner Beauftragten für Personen-, Sach- und Vermögensschäden ist ausgeschlossen.

ISBN 978-3-613-02811-1

2. Auflage 2007

Ein Unternehmen der Paul Pietsch Verlage GmbH + Co.

Sie finden uns im Internet unter www.motorbuch-verlag.de

Lektorat: Joachim Kuch
Innengestaltung: Ipa, 71665 Vaihingen/Enz
Druck und Bindung: Fortuna Print Expert, 85101 Bratislava
Printed in Slovac Republic

SEY 532
FC

Inhalt

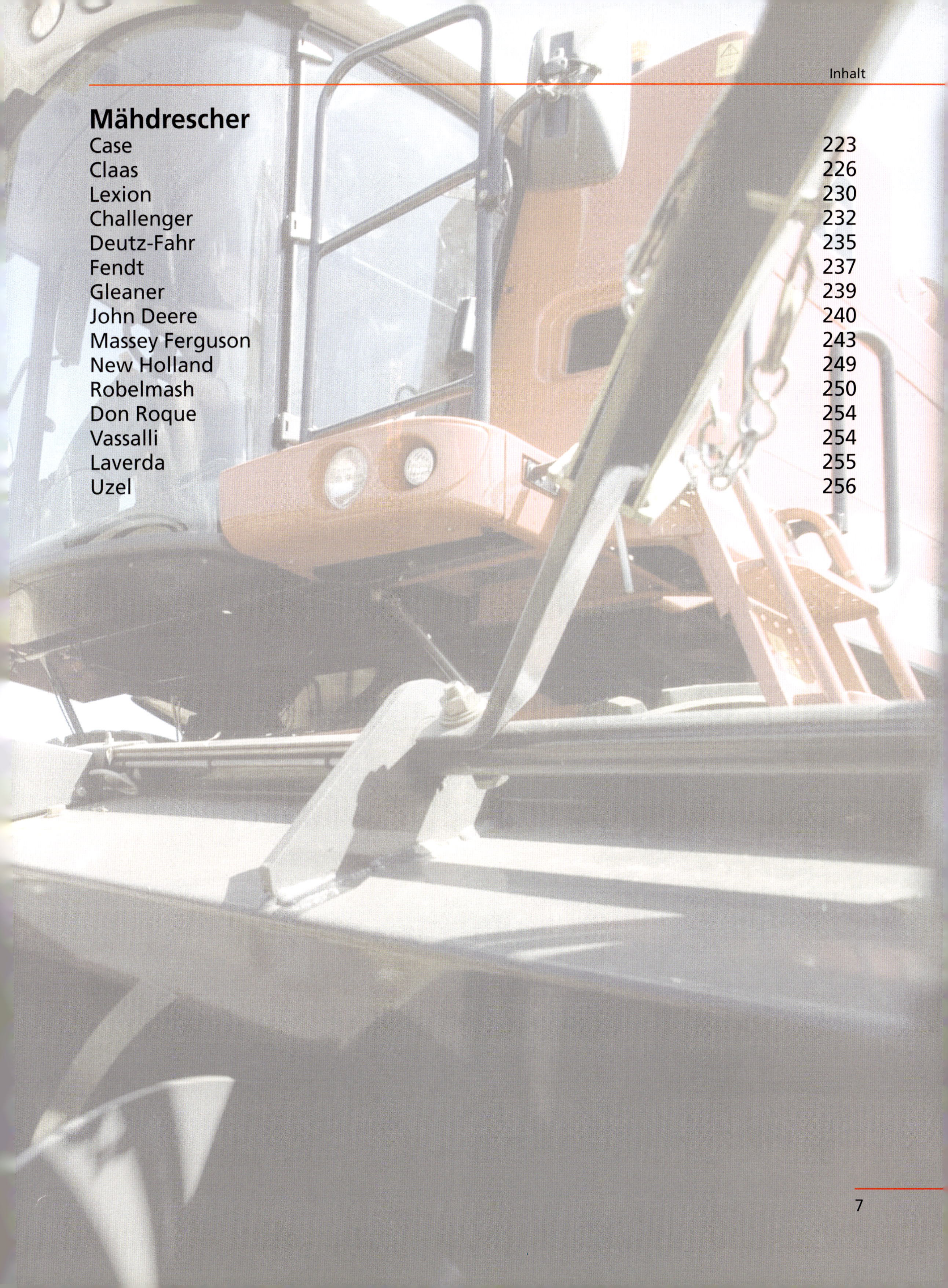

Mähdrescher

Einleitung

„Landmaschinen sind spezialisierte Maschinen, die vorwiegend in der Landwirtschaft eingesetzt werden. Sie zeichnen sich meist durch ihre Mobilität aus. Das bedeutet, dass sie entweder selbstfahrend sind oder von einem Schlepper gezogen werden."

So definiert das Internetlexikon „Wikipedia" (http//www.Wikipedia.de) die Maschinen, deren rasante Entwicklung weltweit wesentlich die Landschaften geprägt haben.
Landmaschinen sind als unverzichtbare Hilfsmittel aus der Landwirtschaft heute nicht mehr wegzudenken. Ihre Erfindung erlaubt den Landwirten eine wirtschaftliche Bearbeitung ihrer Flächen.
Die Motorisierung der Landwirtschaft begann im Wesentlichen erst nach dem Zweiten Weltkrieg. In dieser relativ kurzen Entwicklungszeit bis zum heutigen Tag sind High-Tech-Maschinen entstanden, die auch den Bedienern ein gerüttelt Maß an technischen und elektronischen Vorkenntnissen abverlangt.
Durch die Globalisierung, sprich Zusammenlegung von landwirtschaftlichen Flächen, sind heute in Europa Betriebsgrößen zustande gekommen, wie man sie aus dem mittleren Osten und den Vereinigten Staaten der USA kennt.
Waren es in den Anfangsjahren unzählige Hersteller, die sich auf dem Landmaschinenmarkt tummelten, so hat hat sich die Anzahl der weltweit führenden Traktorenhersteller auf sechs reduziert. Diese führen den Weltmarkt für Mähdrescher, selbstfahrende Feldhäcksler und Aufsammelpressen an und erringen vor allem in den USA zunehmend Marktanteile im Gerätemarkt für Futterernte und Pflanzenbau. Trotz der Bündelung blieben aber die Markenvielfalt und ein breites Angebotsspektrum erhalten.

John Deere, Case-New Holland und Agco haben ihre Wurzeln in den USA und sind Aktiengesellschaften. Claas, die Same Deutz-Gruppe und die Argo-Gruppe haben europäischen Ursprung und sind weitgehend noch im Familienbesitz. John Deere war von Beginn an ein reiner Landmaschinenhersteller, alle anderen sind erst im letzten Jahrzehnt in ihre heutige Ausprägung hineingewachsen. Fachleute prognostizieren für die Zukunft weitere Bündelungen.
Weltweit führt Nordamerika die Rangliste im Einsatz von Traktoren und Landmaschinen an, gefolgt von Westeuropa, Asien/Pazifischer Raum, Lateinamerika, Osteuropa und Afrika/Mittlerer Osten.

Dieses Buch soll einen Eindruck der heute im Einsatz befindlichen Traktoren und Landmaschinen vermitteln, ohne dabei den Anspruch auf Vollständigkeit zu erheben. Allen, die sich auch nur im Ansatz für Technik in der Landwirtschaft interessieren, wünschen wir viel Spaß beim Blättern.

Wir bedanken uns bei allen Firmen sowie deren Mitarbeiterinnen und Mitarbeitern, die uns bei der Recherche so großzügig mit Bildmaterial und Informationen versorgt haben. Herzlichen Dank auch unseren Ehefrauen, Susanne und Katrin, die unsere Landmaschinenleidenschaft geduldig ertragen haben.

Roßwag, im Sommer 2007

Manfred Arnold
Jochen Haller

◄ Das Pferd als Antrieb für einen Einscharpflug bei der Felderbestellung.

▼ Kaum 60 Jahre liegen zwischen diesen beiden Welten.

MT 9
Challenger

Traktoren

MASSEY FERGUSON
8480

Massey Ferguson

Der Name Massey Ferguson entstand 1958 als Kurzbezeichnung des Namens Massey-Harris-Ferguson. Das Unternehmen wurde 1953 im Anschluss an die Fusion der bekannten nordamerikanischen Firma Massey Harris mit der englischen Firma Harry Ferguson Limited gegründet.
Harry Ferguson, ein brillanter Ingenieur, leitete mit seiner revolutionären Dreipunktkupplung, mit deren Hilfe Traktor und Arbeitsgerät als ganzheitliches System funktionieren, einen bedeutenden Wandel im Bereich der Traktorentechnik ein. Auf die eine oder andere Art nutzen heute so gut wie alle Traktoren dieses einzigartige System.

Die Geschichte von Massey Harris geht bis in das Jahr 1847 zurück, als Daniel Massey einen Produktionsbetrieb ins Leben rief, der einfache landwirtschaftliche Geräte in Newcastle, Ontario, Canada, herstellte. Ein Jahrzehnt später errichtete Alanson Harris – gleichfalls in Ontario – eine Gießerei für die Fertigung und Reparatur landwirtschaftlicher Geräte.
Massey und Harris entwickelten sich unabhängig voneinander zu überragenden Herstellern von Erntemaschinen. 1891 fusionierten die bis dahin komkurrierenden Firmen schließlich. Das neue Unternehmen produzierte 1938 den weltweit ersten kommerziell erfolgreichen selbstfahrenden Mähdrescher.

Massey-Harris und Harry Ferguson fusionierten im Jahr 1953. Beider Kenntnisse in Bezug auf Erntemaschinen und Traktoren flossen zusammen, was zur Entwicklung eines der weltweit leistungsfähigsten landwirtschaftlichen Unternehmens führte.
Heute ist Massey Ferguson ein Unternehmen der AGCO.

▼ Der Massey Ferguson aus der Baureihe MF 4400 mit 12 Vorwärts- und 12 Rückwärtsgängen mit praxisgerechter Abstufung.

◀ Obwohl die Traktoren der Baureihe MF 4400 leicht und wendig sind, verfügen sie dennoch über viel Leistung und hohes Drehmoment durch die SisuDiesel-Motoren und bieten dadurch ein ausgezeichnetes Leistungsgewicht und hohe Wirtschaftlichkeit.

◀ Bei den Kabinenmodellen hat der Nutzer die Wahl zwischen der Standard-Bauweise oder der niedrigeren LoProfile-Ausführung, die besonders für niedrige Durchfahrten geeignet ist. Auch eine ausstellbaren Frontscheibe ist erhältlich.

◀ Alle Traktoren der Baureihe MF 4400 verfügen über drehmomentstarke Motoren mit konventioneller Technik und niedriger Nenndrehzahl. Der lange Hub der Motoren erzeugt bis zu 29 % Drehmomentanstieg, sodass diese Traktoren auch in schwierigem Gelände oder auf schweren Böden hervorragend einsetzbar sind.

▶ Geringes Eigengewicht und hohe Motorleistung bedeuten viel Leistung für Antrieb und Zapfwelle

▶ Die in der Baureihe MF 5400 verbauten Motoren von Perkins und SISU sind schadstoffarm nach TIER II. Niedrige Nenndrehzahl, langer Konstantleistungsbereich, hohes Drehmoment, reduziertes Geräuschniveau und geringer Verbrauch sind die Besonderheiten dieser Baureihe. Sowohl das 16/16-Gang-Vollsynchron-Lastschaltgetriebe mit zwei oder das Dyna-4-Getriebe mit vier Lastschaltstufen überzeugen durch hohe Wirtschaftlichkeit und Bedienkomfort.

▶ Mit dem Glasdach wird der MF 5400 zum übersichtlichen Frontladerschlepper.

◀ Der aufgeladene Perkins Vierzylinder-Motor des MF 5435 mit 4,4 Litern Hubraum liefert bei 2200 U/min^{-1} eine Leistung von 61 kW (83 PS).

◀ Beidseitige externe Hubzylinder sorgen für das verwindungsfreie Anheben auch großer Lasten am Koppelpunkt. Beidseitig einstellbare Hubstreben, einfach bedienbare Stabilisatoren und vielfältige Unterlenkereinstellungen bieten größmögliche Flexibilität beim Anbau verschiedenster Geräte.
Das Basis-Hydrauliksystem bietet zwei unabhängige Ölkreisläufe: 57 l/min für EHR und Steuerventile sowie 42 l/min für Lenkung und interne Funktionen.

▶ Die EHR ist serienmäßig mit einer aktiven Schwingungsdämpfung ATC ausgerüstet. Diese schont Schlepper und Gerät – vor allem aber den Fahrer, denn der Fahrkomfort und die Sicherheit beim Transport werden deutlich verbessert. ATC verhindert das Aufschwingen bei Straßenfahrt und baut Schockbelastungen z.B. beim Durchfahren von Furchen oder Spurrillen auf dem Feld ab. Die Schaltung erfolgt manuell oder automatisch durch die EHR.

▶ Das Spitzenmodell MF 5465 ist mit der Motorentechnologie der HighTech-Baureihe MF 6400 ausgerüstet: Elektronische Motorregelung sorgt für mehr Effektivität und Wirtschaftlichkeit. Die 6 Liter Hubraum erzeugen mehr Drehmoment bei niedrigem Verbrauchswerten. Geregelter Turbolader und Ladeluftkühlung steigern den Wirkungsgrad. Das bedeutet mehr Leistung an den Rädern und bietet insbesondere in Verbindung mit dem niedrigen Eigengewicht der Maschine, ein spritziges Fahrverhalten.

▶ Die ölgekühlten Bremsscheiben sind hoch belastbar und verschleißfest. Die Differentialsperren werden einfach per Knopfdruck in beiden Achsen gleichzeitig geschaltet. Das bei MF seit vielen Jahren eingesetzte „Hydralock"-System garantiert 100% Sperrwirkung und die gleichmäßige Kraftübertragung auf alle vier Räder – das steigert die Flächenleistung und reduziert Reifenverschleiß sowie Beschädigungen der Bodenstruktur.

◀ Der MF 5470 kann optional mit der QuadLink-Vorderachsfederung ausgerüstet werden. Ihr einfacher Aufbau erlaubt große Federwege. Das automatische Nivellierungssystem sorgt für gleichbleibend hohen Fahrkomfort unter allen Belastungszuständen.

◀ Der MF 5470 wird auch mit den größten Anhängelasten fertig.

◀ Das Lüftungssystem liefert viel Luft in der Kabine, die über einstellbare Düsen optimal verteilt werden kann. Optional kann eine Klimaanlage geordert werden, die auch bei hohen Außentemperaturen für angenehme Arbeitstemperaturen sorgt. Bei der Wunschausstattung „Glasdach" kann das Hub-Schiebefenster hochgestellt und ins Dach geschoben werden.

▶ Alle Motoren der Baureihe 6400 sind mit dem elektronischen Motormanagement (EEM) ausgestattet, das für eine permanente Optimierung der Menge und des Zeitpunkts der Kraftstoffeinspritzung in Abhängigkeit von der Motordrehzahl sorgt.

▶ Alle Modelle der Baureihe MF 6400 sind mit einem Dyna-6-Getriebe ausgestattet. Links am Lenkrad ist ein multifunktionaler PowerControl-Hebel angeordnet. Dieser erlaubt eine komfortable Bedienung der wichtigsten Getriebefunktionen.

▶ Das (optionale) Kriechganggetriebe bietet mit einer Untersetzung von 4,0:1 zusätzliche 12 Vorwärts- und 12 Rückwärtskriechgänge mit Geschwindigkeiten von bis zu 400 m pro Stunde bei Nenndrehzahl.
Bei den Modellen MF 6445-80 ist zudem ein Superkriechganggetriebe verfügbar,welches zusätzliche 24 Vorwärts- und 24 Rückwärtsgänge mit Geschwindigkeiten von bis zu 110 m pro Stunde bei Nenndrehzahl liefert.

◀ Das Dyna-VT-Getriebe hat zwei Fahrbereiche: Bereich I von 0 bis 28 km/h – vorgesehen für Anwendungen im langsameren Geschwindigkeitsbereich, bei hohen Zugkräften mit einem hierfür optimierten Wirkungsgrad. Bereich II von 0 bis 50 km/h – vorgesehen für alle Arbeiten mit höheren Geschwindigkeiten und hoher Last oder für niedrigere Geschwindigkeiten mit wenig Last.

◀ Für die Modelle der Baureihe MF 6400 kann bei den Hydrauliksystemen zwischen konventionellem und LoadSensing-System (CCLS) gewählt werden. Beide bieten hohe Durchflussmengen und Drücke, sowohl für Kraftheber als auch für externe Geräte.

◀ Der MF 6480 verfügt über eine Leistung von 107 kW (145 PS), die er bei der Bodenbearbeitung mit dem Säkombi am Heck und einem Frontgrubber voll zum Einsatz bringen muss.

▶ Der MF 6490 ist mit einem 6-Zylinder-Turbomotor mit Ladeluftkühler ausgestattet. Mit 6,6 Litern Hubraum leistet er 125/ kW (170 PS).

▶ Für schnelleres, präziseres Arbeiten verwendet das optionale Auto-Guide-Satellitennavigationssystem GPS-Technologie, um Traktor und Geräte mit höherer Geschwindigkeit und Präzision fahren zu können. Dies ist speziell bei exaktem Arbeiten in der Nacht, bei geringer Sichtweite wie hier auf Großflächen oder in Vorauflaufkulturen besonders wertvoll. Der Auto-Guide lenkt den Traktor ohne Einwirkung des Fahrers.

▶ Auch kraftaufwändige Arbeiten erledigt der MF 6490 mit Leichtigkeit. Hier wird Heu mit einer Ballenpresse verarbeitet.

▲ Der 6,6 Liter große 6 Zylinder-Turbomotor mit Ladeluftkühler leistet im MF 6495 136 kW (185 PS).

▲ Der MF 6499 6 Zylinder-Turbomotor weist ein Volumen von 7,4 Liter auf und leistet 158 kW (215 PS).

◀ Der MF 7480 wiegt in leerem Zustand 6345 kg. Sein zulässiges Gesamtgewicht beträgt stolze 11500 kg…

◀ … seine Gesamtlänge über Unterlenker beträgt 4790 mm, die Standardbreite über Kotflügel misst 2550 mm, die Höhe über Kabine 2950 mm.

◀ Der MF 7480 im Einsatz mit Güllefass und einem angehängten Güllegrubber zum Einarbeiten des Düngers.

▲ Die Kabine des MF 8460 besitzt 5,7 m² getönte und Wärme reflektierende Scheiben, schmale Holme und ein seitlich platzierter Auspuff sorgen für eine ausgezeichnete Rundumsicht. Große, teleskopierbare, beheizte und elektrisch verstellbare Rückspiegel bringen Sicherheit bei Rangier- und Transportarbeiten unter allen Fahrbedingungen.

▲ Alle Traktoren der Baureihe MF 8400 sind mit modernsten TIER 3-konformen, leistungsstarken SISU Diesel-Motoren mit der neuesten Generation von elektronischem Motormanagement (EEM) ausgestattet. Diese Technologie sorgt für eine permanente Optimierung der Menge und des Zeitpunkts der Kraftstoffeinspritzung in Abhängigkeit von Motordrehzahl und Last.

MASSEY FERGUSON

▲ Andere Länder, andere Sitten: MF-Traktoren kommen weltweit in allen Leistungsklassen zum Einsatz…

▲ …die Karosserieformen sind den jeweiligen Ansprüchen und Vorschriften angepasst.

FENDT

Fendt

Als die Gebrüder Fendt zusammen mit ihrem Vater Johann Georg begannen, in einer Schmiede Traktoren zu bauen, ahnten sie noch wenig von den großen Veränderungen, die die Traktorentechnik in diesem Jahrhundert durchlaufen sollte. Die Richtung stand von Anfang an fest: Die Kunden durch neue technische Lösungen, Wirtschaftlichkeit und Zuverlässigkeit zu überzeugen. So entstand 1930 der erste europäische Kleinschlepper mit 6 PS, Anbaupflug und fahrunabhängigem Mähwerk.

Mit dem Fendt-Dieselross F22 (22 PS) konnten es sich 1938 auch klein- und mittelbäuerliche Betriebe wirtschaftlich leisten, das Pferd zu ersetzen.

Die Xaver Fendt & Co. wurde am 31. Dezember 1937 in das Handelsregister in Kempten eingetragen. 1938 wurde der 1000ste Dieselross-Traktor, ein F 18 mit 16 PS, fertiggestellt. Mit dem Dieselross F 22 stellte Fendt 1938 einen Traktor vor, der schon eine Reihe von Merkmalen der Traktoren der 50er Jahre hatte: Zweizylinder-Motor, stehender Kühler und 4-Gang-Getriebe.

1942 führte Dieselöl-Knappheit und das Verbot des Einsatzes von Dieselschleppern zur Entwicklung des Holzgasgenerator-Schleppers mit 25 PS.

Nach dem Zweiten Weltkrieg expandierte das Unternehmen unter der Leitung der Brüder Hermann, Xaver und Paul Fendt ungewöhnlich rasch.

1952 wurde das 12 PS starke Dieselross F 12 L (12 PS) vorgestellt, das ab 1953 in Großserie ging. Im Jahr 1953 kam der 12 PS starke Fendt-Geräteträger mit vier Anbauräumen auf den Markt, dem 1959 für sein geniales Einmann-System die höchste DLG-Anerkennung verliehen wurde.

Der Favorit 1 war richtungweisend

▼ Mit dem 400 Vario bietet Fendt den perfekten Allround-Traktor im mittleren Leistungsbereich zwischen 114 und 154 PS für Gemischt- und Grünlandbetriebe.

▲ Der Vario 400 verfügt über einen 4-Ventilmotor mit 4,04 l Hubraum, 154 PS Nennleistung (EG 97/68) und 657 Nm Drehmoment (415 Vario).

in Form und technischer Ausstattung, wie zum Beispiel der 40 PS-Motor und das Vielgang-Feinstufengetriebe wurden 1958 produziert.
1961 konnte bereits der 100.000ste Fendt, ein „Farmer 2" mit 30 PS, fertiggestellt werden. Besonders erfolgreich entwickelten sich die Geräteträger, ein Mechanisierungssystem von der Saat bis zur Ernte, von denen bisher rund 60.000 Stück abgesetzt werden konnten.
1976: Reihe Favorit LS. Ein neues Marktsegment eröffneten die 1976 vorgestellten Favorit-Großtraktoren (85–150 PS).
1980 brachte Fendt die Farmer 300er-Reihe (50–86 PS) auf den Markt, die mit technischen Pionierleistungen wie 40 km/h und gummigelagerter Kabine maßgeblich zu den Markterfolgen der letzten Jahre beigetragen hat.
„Wer besser sieht, kann besser arbeiten"; nach diesem Motto hat Fendt 1984 den 380 GTA als Original-Freisicht-Traktor ohne Motorhaube realisiert.
Sein Geheimnis ist das Konzept mit Unterflurmotor.
1985 wird Fendt erstmals Marktführer in Deutschland.
High-Tech in kompakter Dimension zeichnete 1987 den Standard- oder Spezialtraktor für den Wein- und Obstbau – die der 200er Baureihe (40–75 PS) aus.
Die Traktoren der 800er Baureihe sind 1993 die ersten Großtraktoren der Welt, die mit Turboshift, hydropneumatischer Kabinen- und Vorderachsfederung ausgestattet sind und eine Höchstgeschwindigkeit von 50 km/h erreichen. Die leistungsstärkste Maschine der Baureihe weist der Favorit 824 mit 230 PS auf.
Die Favorit 500 C-Baureihe (95–140 PS) wurde 1994 erstmals vorgestellt.
Das Systemfahrzeug Xylon (110–140 PS) kommt 1995 auf den Markt. Ein universell einsetzbares

▲ Ab dem Baujahr 1995 ist die Vario-Baureihe uneingeschränkt RME-tauglich. Für den Einsatz von Raps-Methyl-Esther nach DIN EN 14214 gibt es bei Fendt serienmäßig volle Herstellerfreigabe.

Fahrzeug für Landwirtschaft, Landschaftspflege und Kommunen.

Mit dem Vario 926 mit 260 PS setzte Fendt 1996 einen Meilenstein: Er war der erste Großtraktor der Welt, der mit einem stufenlosen Vario-Getriebe ausgestattet war – eine Revolution im Getriebebau.

Als führende High-Tech- und Qualitätsmarke wird Fendt 1997 Teil des weltweit agierenden AGCO-Konzerns.

Fendt präsentiert 1997 mit der Baureihe Favorit das Vario-Programm (170–260 PS) mit stufenloser Antriebstechnik.

1997 erfolgt die Einführung der neuen Traktorengeneration Farmer 300 C (75–95 PS).

Mit der Vorstellung der neuen Vario-Baureihe Favorit 700 (140 und 160 PS) setzt Fendt 1998 erneut Maßstäbe für die Zukunft. Das innovative Bediensystem, die Fendt-Variotronic, wird international ausgezeichnet.

1998 debütieren der 380 GTA-Turbo mit 95 PS und der 370 GTA mit 75 PS.

Mit Vario 2000 präsentiert Fendt 1999 ein komplettes Programm von 86 bis 286 PS. Erstmalig werden die Vario-Komponenten in den unteren Mittelklasse-Taktoren angeboten.

2001: Neu im Fendt- Programm ist der 300 C (75–100 PS) sowie der 412 Vario mit 120 PS.

Der Farmer 200 V/P (65–94 PS), der 800 Vario TMS (168–195 PS) und der 900 Vario TMS (198–310 PS) ergänzen im Jahr 2002 die Produktpalette.

2004 sorgen zwei Innovationen für Aufmerksamkeit in der FAchwelt: die niveaugeregelte Vorderachsfederung für Schmalspurtraktoren und das GPS-gestützte Spurführungssystem, Auto-Guide-System.

Im Jahr 2005 feiert Fendt sein 75jähriges Jubiläum.

◀ Bei den Fendt-Vario-Getrieben ist von 30 Meter pro Stunde bis 50 km/h stufenlos jede Geschwindigkeit möglich.

◀ Mit dem Fendt 700 Vario wurde In der dritten Generation die Leistungsfähigkeit des Grundfahrzeuges nochmals gesteigert. Die Baureihe wird mit dem Top-Modell, dem 718 Vario, nach oben weiterentwickelt.
Es stehen Fahrzeuge mit einer Leistung zwischen 132 PS und 181 PS zur Verfügung.

◀ Die 700 Varios verfügen über hocheffiziente Motorentechnologien wie beispielsweise 4-Ventiltechnik, Common-Rail-Hochdruckeinspritzsystem und niedrige Nenndrehzahl. Trotz Erfüllung künftiger Abgasnormen konnte der Kraftstoffverbrauch gegenüber dem Vorgängermodell um bis zu 5 % gesenkt werden.

▲ Mit dem neuen Spitzenmodell 820 Vario erfüllt Fendt Kundenwünsche und erweitert dieses Traktorkonzept erstmals über 200 PS. Die Baureihe bietet Serienausstattung der gehobenen Klasse – mit allem, was Profis benötigen.

▲ Serienmäßig verfügen sie beispielsweise über das Traktor-Management-System TMS, das Vorgewendemanagement Variotronic und den integrierten Frontkraftheber.

▲ 800 Vario-Modelle verfügen über 4-Ventilmotoren mit 6,1 l Hubraum: 207 PS Nennleistung (EG 97/68) und 895 Nm Drehmoment (820 Vario).

▲ Wachsende Schlaggrößen, überproportional zunehmende Transportwege und steigender Kostendruck beschäftigen heute Landwirte wie Lohnunternehmer – als Lösung bietet Fendt die Großtraktorenbaureihe 900 Vario an.

▲ Mühelos, selbst mit großem Gerät im Schlepptau, meistern die Modelle der 900 Vario-Baureihe ihre Aufgaben.

▲ Kraftpakete mit 4-Ventilmotor mit 7,14 l Hubraum und einer Nennleistung von 355 PS zeichnen die 900 Vario-Baureihe aus.

▲ Auf Grundlage einer gemeinsamen Vorstudie mit Porsche entwickelten die Fendt-Ingenieure eine völlig neue Optik für den 900 Vario. Wesentliche Elemente des Erscheinungsbildes sind die taillierte Motorhaube, die neu gestalteten Beleuchtungselemente und die neue Kabine.

FENDT
FENDT 936
FENDT
Gigant 1000

FENDT

FENDT
FENDT 936

6001 Centaur
AMAZONE BBG

▲ Das schwarze Sondermodell des 60 km/h schnellen 936 Vario „Black Beauty“ ist sowohl in technischer als auch in optischer Hinsicht ein gelungener Wurf.

▲ Der Xylon ist ein Freisichtschlepper – ideal für den Anbau von Frontgeräten.

Φ31-75

Valtra

Valtion Metallitehtaat, die staatlichen Metallwerke, wurden nach dem Zweiten Weltkrieg auf dem Fundament der finnischen Waffenindustrie aufgebaut. Die Hauptaufgabe dieser Werke bestand darin, durch die Herstellung vielfältiger ziviler Produkte einen Beitrag zum Wiederaufbau nach dem Krieg zu leisten.

Valtion Tykkitehtaat begann Ende der 40er Jahre mit der Entwicklung eines Traktors. Der Motor entstammte den Entwürfen eines englischen Ingenieurs, eines gewissen Herrn Pobjoy. Unglücklicherweise kam Pobjoy bei einem tragischen Flugzeugunglück ums Leben und einige seiner Zeichnungen gingen mit ihm verloren. Dennoch konnte in der Valtion Tykkitehtaat-Fabrik, die heute den Namen „Rautpohja-Fabrik" trägt, im Jahre 1949 der erste Prototyp fertiggestellt werden. Der 1 Zylinder 12 PS-Motor entsprach jedoch nicht den Erwartungen, unter anderem deshalb, weil sich der Motor nicht starten ließ.

In der Folge versuchte man an die Traktorenentwicklung von einer anderen Seite anzugehen: Die bestehenden Traktoren wurden bis ins Detail untersucht. Der neue Projektleiter, Olavi Sipilä, ein junger Universitätsabsolvent, stellte bei der Produktentwicklung die Anforderungen der Kunden in den Vordergrund.

Im Jahre 1951 wurde der Name VALtion METallitehtaat in VALMET Corporation umbenannt und die beiden Werke arbeiteten von nun an gemeinsam an der Produktion.

Das Traktorenprojekt wurde im April 1951 nach Tourula verlegt.

Gemeinsam mit Olavi Sipilä baute man aus Komponenten von zehn Prototypen, mit deren Produktion bereits in Rautpohja begonnen worden war, einen ersten Prototyp eines

▼ **Bei der Konstruktion der Valtra A-Serie wurde besonderer Wert auf Robustheit und Zuverlässigkeit gelegt.**

▲ Der Traktor besitzt Valtras einzigartigen Chassisaufbau, bei dem der Kraftstofftank als tragendes Rahmenteil fungiert und gleichzeitig zum Schutz der Allradwelle beiträgt.

serienreifen Valmet Traktors.

Drei der ersten zehn Valmet-Traktoren wurden unmittelbar nach ihrer Fertigstellung den Landwirten in der Nachbarschaft überlassen. Nachdem sich dies herumgesprochen hatte, bekundeten auch viele andere ihr Interesse. Die positive Reaktion der Kunden veranlasste die Firma, im Jahr 1952 75 Traktoren herzustellen.

Der Traktor aus einheimischer Produktion wurde auf den Landwirtschaftsmessen des Sommers 1952 schließlich öffentlich vorgestellt.

Im Jahr 1953 waren bereits etwa tausend Traktoren im Einsatz, sowohl das Marketing als auch der Service liefen reibungslos. Man war gerüstet, um 1954 die Produktion auf 2.000 Einheiten zu steigern.

Das Jahr 1954 brachte schließlich den Durchbruch für Valmet. Das Produkt wurde im Sommer auf Landwirtschaftsmessen vorgestellt und bereits im September verließ der 2.000ste Valmet Traktor das Werk.

Die einfache Bauweise des Traktors und die Möglichkeit, mühelos verschiedene Arbeitsmaschinen anzuhängen, regte die Phantasie der Besitzer an, selbst diverse Vorrichtungen zu erfinden. Das Riemenscheibensystem wurde beispielsweise dazu verwendet, ein Gerät zum Anspitzen von Heupflöcken herzustellen, oder eine Sägevorrichtung, mit der man Blöcke aus dem Eis der Seen schneiden konnte. Die Tourula-Werke konstruierten ein Gerät, mit dem die Melkmaschine direkt auf der Weide eingesetzt werden konnte usw.

Im selben Jahr bekam Valmet mit Baron G. Wrede einen neuen Geschäftsführer. Ende der 20er Jahre hatte er den ersten finnischen Traktor Kullervo entwickelt. Nun wollte er sein Wissen bei Valmet einbringen.

Der Umsatz stieg nun sprunghaft an. Im Frühling 1955 wurde der 3.000ste Traktor ausgeliefert.

Einige Verbesserungen trugen dazu bei, dass sich von Jahresbeginn an

▲ Die Valtra A-Serie ist mit den neuen, schadstoffarmen, robusten und wartungsfreundlichen SisuDiesel Motoren ausgestattet.

die Produktion täglich auf 16 Traktoren pro Tag steigerte. Nach dem Sommer wurden schließlich 20 Maschinen täglich hergestellt. Im Jahr 1955 verließen insgesamt 571 „A- Modelle" und 1.511 Valmet 20-Modelle das Werk.

In ganz Europa nahm der Wiederaufbau nach dem Krieg Form an. Produkte und Technologien wurden entwickelt. Da lag es auf der Hand, dass die Leistung von 20 PS nicht lange ausreichen würde. Im Frühling 1955 beschäftigte sich Valmet Linnavuori erstmals mit der Dieseltechnologie.

Die Entwicklungstrends waren damals äußerst vielfältig. Landwirtschaftsexperten warnten z.B. davor, dass die Konsumenten mit keiner solchen technischen Neuerung wie der Einspritzpumpe zu Rande kommen würden. Die Motorenhersteller waren in verschiedene Lager gespalten. Die Deutschen befürworteten den Vorkammer-Dieselmotor, Fordson präsentierte Großbritannien 1954 den Vierzylinder- Dieselmotor mit Direkteinspritzung und Scania wechselte 1951 zu Dieselmotoren mit Direkteinspritzung.

Die Exporte nach Brasilien befanden sich im Aufwind. Die brasilianische Regierung plante, wie schon zuvor im Fall der Autoindustrie, nun auch einheimische Traktoren herzustellen. Die brasilianischen Behörden machten eine Ausschreibung, an der sich 20 Traktorenhersteller beteiligten. Die Auflagen waren jedoch streng: Die Regierung forderte, dass nach vier Jahren 95% der verbauten Teile eines Traktors brasilianischer Herkunft sein müssten.

Valmet erlangte schließlich den zweiten Platz der Ausschreibung.

Als Standort der Fabrik wurde die 60 km östlich von Saõ Paulo gelegene Stadt Mogi das Cruzes gewählt.

Valmet entsandte zum Aufbau der Firma seine eigenen Mitarbeiter, und die ersten fünf von Valmet do Brasil produzierten Traktoren verließen, wie mit der Regierung vereinbart, im Dezember 1960 das Mon-

▲ Die Traktoren der A-Serie sind leicht, kompakt und wendig. Sie sind als Allroundschlepper konstruiert worden.

tageband. Die Maschine wurde 360 D genannt. Da die Regierung alle Unternehmen anhielt, möglichst viele inländische Produkte zu verwenden, entschied sich Valmet für die MWM-Motoren (Motorenwerke Mannheim), die im Lande hergestellt wurden und bereits in brasilianischen Modellen eingesetzt worden waren.

Valtra Inc ist heute der fünftgrößte Traktorenhersteller in der westlichen Welt. Valtra ist die führende Traktorenmarke in Skandinavien und die zweitgrößte in Südamerika. Das Unternehmen zählt zu den am schnellsten wachsenden in Europa und seine Produkte werden insgesamt in über 70 Ländern weltweit vertrieben.

Die Produktion von Valtra Traktoren erfolgt auf Grund eines in der Branche einzigartigen, raschen und effizienten Bestellsystems. Traktoren werden ganz nach Kundenwunsch zusammengestellt.

Valtras Produkte sind hochqualitative Landwirtschaftstraktoren in den Leistungsklassen von 60 bis 260 PS. Valtras Modellpalette umfasst leistungsstarke, technisch fortschrittliche Traktoren. Die Hauptkomponenten werden vom Unternehmen selbst entwickelt und produziert. Durch das umfangreiche Angebot an Bauelementen und Bestandteilen können etwa eine halbe Million unterschiedliche Produktvarianten gefertigt werden.

Die Traktorenwerke befinden sich in Suolahti und Nokia in Finnland und in Mogi des Cruzes in Brasilien. Das Dieselmotorenwerk, Sisu Diesel Inc., gehört zum Unternehmen und produziert Motoren für den Einsatz in Off-Road-Fahrzeugen, von denen ein beachtlicher Teil an Landwirtschafts- und Baumaschinenhersteller in aller Welt geliefert wird.

Valtra Traktoren wurden für extreme Einsatzbedingungen konzipiert. Im hohen Norden bewähren sie sich bei eisigen Temperaturen, im Schnee und im harten Waldeinsatz. In den Tropen sind sie unerbittlicher Hitze, Staub und Korrosion ausgesetzt. Valtra Traktoren wurden auf all diese Einsatzbedingungen hin getestet und sind bei seinen Anwendern für seine Zuverlässigkeit und Robustheit bekannt.

▶ In der N-Serie drückt sich die Fertigungsphilosophie von Valtra aus: Alle Hauptkomponenten werden von Valtra selbst gefertigt oder entwickelt.

▶ Valtra-Kunden können die Leistung und Ausstattung direkt nach ihren Bedürfnissen wählen. Angefangen von dem Basismodell „Classic" bis zum Topmodell „Advance" mit dem innovativen Common-Rail-Motor, programmierbarem Getriebe und Load Sensing-Hydraulikanlage sowie gefederter Kabine und Vorderachse.

▶ Viele Landwirte schätzen die HiTrol-Turbokupplung von Valtra seit Jahren. Das Anfahren und der Fahrtrichtungswechsel erfolgten flüssig und sanft ohne jegliches Rucken.

◀ Das Arbeiten wird durch die Kombination der HiTrol-Trubokupplung und der HiShift-Funktion mit der Bedienung der Kupplung über den Druckknopf an den Ganghebeln besonders auf engem Raum effektiver.

◀ Je nach Bedarf kann eine mechanische oder elektronische Hydrauliksteuerung gewählt werden. Bei der N-Serie können wahlweise auch Bio-Öle verwendet werden.

◀ Die Valtra-Modelle N121A und 141A verfügen über eine maximale Pumpenleistung von 115 l/min (200 bar), wobei die Zeit- und Mengenregelung genau eingestellt werden kann. Der geschlossene Hydraulikkreislauf wird mit einer Axialkolben-Verstellpumpe gespeist und über elektronisch gesteuerte Ventile geregelt.

VALTRA

◀ Isobus ist ein standardisiertes System für die Kommunikation und den Austausch zwischen Traktor und Anbaugerät. Ein Terminal in der Kabine wird zum Steuern der Anbaugeräte und zum Anzeigen, Eingeben und Speichern der Informationen verwendet. Isobus macht die Steuerung moderner Anbaugeräte einfach, vor allem jener mit vielen Funktionen und einem hohen Grad der Automation.

◀ Der Valtra-Allradantrieb verhindert ein Durchdrehen der Räder und damit eine Beschädigung des Bodens. Das System aktiviert beim Anfahren, Gangwechsel, Verwendung von HiShift oder Wendeschaltung automatisch den Allradantrieb für etwa eine Sekunde (Intervall vom Fahrer einstellbar).

▼ Das System kann bei Bedarf auch deaktiviert werden. Der Allradantrieb und die Differenzialsperre können entweder automatisch oder von Hand geschaltet werden, was für manche Anwendungsbereiche von Vorteil ist.

▶ Die nächste Generation der Valtra T-Serie wurde so konstruiert, dass sie den Anforderungen moderner Landwirte und Lohnunternehmer entspricht. Mit dem Bestellsystem „Valtra à la Carte“ bietet Valtra seinen Kunden die Möglichkeit, aus verschiedensten Baugruppen individuell einen Traktor zusammenzustellen.

▶ Die T-Serie bietet in den drei Modellvarianten Classic, HiTech und Advance eine Reihe von Hydraulik- und Getriebeoptionen.

▶ Valtra-Frontlader werden werksseitig montiert und sind auf perfekte Kompatibilität mit den Valtra-Traktoren und anderem Valtra-Zubehör ausgelegt.

Die niveaugeregelte, luftgefederte Vorderachse bringt zusätzlichen Fahrkomfort bei Transportarbeiten, schützt in Verbindung mit der Schwingungsdämpfung des Krafthebers den Fahrer, Traktor und Anbaugeräte vor Stößen und erhöht die Fahrsicherheit.

Der Tempomat ermöglicht dem Fahrer, die gewünschte Fahrgeschwindigkeit oder Zapfwellendrehzahl einzustellen. Die voreingestellte Drehzahl wird automatisch unabhängig von Last- oder Gewichtsänderungen beibehalten. Beim Drehen am Vorgewende oder einer Arbeitsunterbrechung kann die Drehzahl per Knopfdruck kurzfristig auf Leerlauf oder eine andere vordefinierte Drehzahl eingestellt werden.

Mit der Kabinenfederung und dem Niederfrequenzsitz arbeitet der Fahrer entspannt und wird vor belastenden Schwingungen und Stößen geschützt.

▶ Die Frontzapfwelle (1.000 U/min) wird ab Werk eingebaut und ist in Verbindung mit dem Fronthubwerk erhältlich. Die Hubkraft des Fronthubwerks beträgt 35 kN (3.600 kg).

▶ Die neue Generation der Common-Rail-Motoren verfügt über eine elektronische Motorregelung (EEM) der dritten Generation, die von SisuDiesel entwickelt wurde. Die EEM- Technologie bietet viele fortschrittliche Funktionen, wie z. B. die reduzierte Leerlaufdrehzahl (650 U/min) bei angezogener Feststellbremse und einen Transportboost für die HiTech und Advance Modelle.

▶ SisuDiesel-Motoren mit Permatorque-Charakteristik bedeuteten ein hohes maximales Drehmoment welches bis zu 1000 U/min annähernd konstant bleibt bei einem schnellen Drehmomentanstieg von der Nenndrehzahl zur Drehzahl des maximalen Drehmoments. In der T-Serie wird das maximale Drehmoment bei 1.500 U/min (EcoPower 1.100 U/min) erreicht. Ein hohes Drehmoment bei niedrigen Drehzahlen ermöglicht ein sanftes Starten der Zapfwelle und müheloses Anfahren mit schweren Lasten.

◀ Die Philosophie der Valtra S-Serie beinhaltet Leistung, Vielseitigkeit, Zuverlässigkeit und Fahrkomfort auf höchstem Niveau, ohne die Grundanforderungen an einen Radschlepper dieser oberen Leistungsklasse zu vernachlässigen.

◀ Die S-Serie verfügt über einen leistungsstarken 8,4 l Sisudiesel Motor, mit sehr hohen Kraftreserven, enormem Drehmoment und Abgaswerten nach neuesten EU-Richtlinien.

◀ Eine maximale Geschwindigkeit von 50 km/h mit gefederter Vorderachse, eine leistungsstarke, programmierbare Hydraulikanlage, Front- und Heckkraftheber, ein niedriges Leergewicht verbunden mit hoher Zuladung machen aus der S-Serie einen vielseitig und universell einsetzbaren Großtraktor.

▶ Eine Reihe von Automatikfunktionen erleichtert dem Fahrer der S-Serie die Arbeit. Das elektronische Motormanagement und die Cruise Control halten stets die vorgegebene Fahrgeschwindigkeit oder Zapfwellendrehzahl. Allrad- und Differentialsperren werden in Abhängigkeit von Schlupf, Fahrgeschwindigkeit und Lenkwinkel geschaltet. Hier eine Extrembeispiel mit angebauter Schneefräse.

▶ Zusammen mit ihren eigentlichen Funktionen nimmt die Hydraulik der S-Serie auch noch die Impulse für die Schlupfkontrolle auf. In schwierigem Gelände minimiert das System den Radschlupf durch rechtzeitiges Anheben der Maschinen und gibt damit mehr Gewicht auf die Achsen. Die Schwingungstilgung Drive Balance Control gehört zur Serienausstattung. Es wirkt wie eine Federung und Stoßdämpfer bei der Straßenfahrt mit schweren Anbaugeräten.

▶ Die neue Generation der TwinTrac Rückfahreinrichtung (Zusatzausrüstung) trägt maßgeblich zur optimalen Auslastung des Traktors bei und macht aus der S-Serie eine schlagkräftige Maschine mit Selbstfahrerqualitäten, insbesondere bei der Arbeit mit großen im Heck angebauten Arbeitsgeräten.

◀ Valtra-Traktoren kommen weltweit zum Einsatz – Spritzeinsatz in einer Obstplantage in Brasilien…

◀ … Mulcheinsatz in Brasilien…

◀ …auch für die Bodenbearbeitung…

▶ … und Einzelkornsämaschine …

MT 975B
WARNING
12V
12V

Challenger

1890 begannen die Amerikaner Benjamin Holt und Daniel Best mit verschiedenen für die Landwirtschaft bestimmten Dampftraktoren zu experimentieren. Sie arbeiteten unabhängig voneinander für ihre Unternehmen und waren Pioniere für Raupentraktoren und Kraftstoff betriebene Traktormotoren.

In diesen frühen Tagen hatten Dampfmotoren enorme Ausmaße und blieben oft in weichem Boden stecken – um die Maschine zu befreien, benötigte man oft mehrere Tage.

Um die Kontaktfläche des Traktors mit dem Boden zu vergrößern, hatte Benjamin Holt die Idee, die Räder durch Laufbänder zu ersetzen. 1904 wurde der erste Holt-Raupentraktor getestet. Er wurde bald zum Pflügen von weichen Böden in der Nähe von Holts Fabrik in Stockton, Kalifornien, eingesetzt und als entschiedener Erfolg gefeiert.

Nach mehreren Tests wurde die erste Raupe mit einem neuen und verbesserten Laufbändersatz für einen Winter zum Pflügen auf der Ranch der Familie Holt eingesetzt.

Kurz darauf rief Holt das „Caterpillar"-Markenzeichen ins Leben.

Holt wechselte von Dampfbetrieb zu Treibstoffbetrieb, und ab 1909 stürzten sich Kunden auf seine Raupen.

In der Zwischenzeit gründete Daniel Bests Sohn, C.L. Best, sein eigenes Unternehmen und begann 1910, benzinbetriebene Radtraktoren zu bauen. Fast augenblicklich machte sich der junge Best ans Experimentieren mit einem Raupentraktor.

Die „CLB" 75 PS-Raupe erschien zu Beginn des Jahres 1913 und wurde die erste Maschine des Best ›Tracklayer‹-Markenzeichens.

▼ Diese Hochleistungstraktoren können den Einsatzbedingungen jedes landwirtschaftlichen Betriebs, jedes Feldes und jedes Fahrers angepasst werden. Dabei sind die MT-Modelle komfortabler, wirtschaftlicher und sie verursachen weniger Bodenverdichtung als praktisch jeder vergleichbare Traktor.

▲ Die Challenger MT- Modelle sind speziell als Raupentraktor konstruiert – Getriebe und Motor sind das Rückgrat der Maschine – maßgeschneidert, um der großen Zugkraft der Raupenlaufwerke gerecht zu werden.

Der 75 Tracklayer verkörperte eine Anzahl bedeutender Konstruktionsfortschritte, darunter verbesserte Laufbandschwingung zur Reduktion von Stößen auf Rahmen und Motor sowie im ganzen Traktor verbesserte Metallurgie.
1925 verschmolzen die Holt Manufacturing Company und die C.L. Best Tractor Company zu Caterpillar Tractor Co.
Von 1925 bis heute wurde das Produkt kontinuierlich weiterentwickelt. Es gab zwei größere Durchbrüche – die Einführung des Dieselmotors 1931 und die Erfindung des versiegelten und geölten Laufbands.
Der Dieselmotor steigerte die PS der Maschinen mehr als jemals zuvor und sorgte für kostengünstigeren Betrieb. Der Laufbandbolzen wird permanent mit einem versiegelnden Gleitmittel überzogen, welches den Kontakt von Metall auf Metall minimiert und den Verschleiß des Bolzens und der Gewindebuchse auf ein Minimum reduziert.
Andere Verbesserungen der letzten Jahre waren z.B. der Wechsel von Kabel- zu Hydraulik-Steuerungen sowie die Einführung von computerisierten Überwachungssystemen, Drehmomentverteiler, Planetary Power Getriebewechsel, Differentiallenkung etc.
Challenger wurde 1987 zusammen mit seinem patentierten Mobil-trac-System eingeführt. Mobil-trac war für den Landwirtschaftsbetrieb ein großer Sprung nach vorn im Hinblick auf größere Zugkraft und Flotation, geringere Bodenverdichtung sowie mehr Beweglichkeit unter gleichzeitiger Kostenreduktion und Produktivitätssteigerung. Challenger gehört zum Agco-Konzern.

▲ Das jüngste Modell der Reihe, der MT875B, ist mit dem neuen „sauberen" Cat C18 Acert-Motor ausgerüstet, der für einen landwirtschaftlichen Schlepper über den größten Hubraum am Markt verfügt – für beeindruckende 570 PS (424 kW).

▲ Der MT835B mit 350 PS (260 kW), der MT845B mit 400 PS (298 kW) und der MT855B mit 460 PS (342 kW) sind mit den neuen Motoren CAT C15 Acert mit einem Hubraum von 15,2 l ausgestattet.

▲ 166 l/Min Durchflussmenge serienmäßig, Spitze in dieser Leistungsklasse. Große Kraftreserven (auf Wunsch 223 l/Min für MT800B innerhalb der EU).

▲ Alle Traktoren der MT800B-Serie haben neu konzipierte Caterpillar Acert-Dieselmotoren. Zu der Serie gehört der neue MT875B, derzeit der leistungsstärkste Traktor (350–570 PS) für die landwirtschaftliche Produktion.

▲ Mit der Baureihe MT400B baut Challenger auch kleinere Traktoren im Leistungsbereich von 60 bis 90 PS.

▲ Die Baureihe MT500B weist ein Leistungsspektrum von 100 bis 160 PS auf.

▲ Die MT600B Serie ist mit 215 bis 290 PS zu haben…

▲ … mit vier Modellvarianten (635B, 645B, 655B und 665B) bietet Challenger ein breites Leistungsspektrum an.

▲ Die Baureihe MT900B als Knicklenker, besteht aus vier Modellen von 430 bis 570 PS.

▲ Sowohl MT945B als auch MT955B werden von Caterpillar-C15-Motoren mit Acert-Technologie angetrieben, während MT965B und MT975B über ein C18-ACERT-Aggregat verfügen. Beide Motoren erfüllen Tier III.

CLAAS
JAGUAR 900
JAGUAR
CLAAS

Claas

Die Claas KGaA mbH ist ein internationaler Landmaschinenkonzern mit Hauptsitz im ostwestfälischen Harsewinkel (Kreis Gütersloh/Nordrhein-Westfalen).
Der weltweit agierende Traditionsbetrieb (gegründet 1913) ist einer der international führenden Hersteller von Agrarmaschinen.
Claas ist vorwiegend am Markt für Erntemaschinen tätig, neben Feldhäckslern vor allem mit Mähdreschern (Marktführer in Europa), Mähwerken, (Groß-)Schwadern, Zettern (Wender) und Ballenpressen und investiert in jüngerer Zeit auch vermehrt in andere Bereiche.
2003 überaschten Renault-Agriculture und Claas die Landtechnik-Branche durch Bekanntgabe der Absicht von Claas, bei Renault eine zunächst 50% Beteiligung zu erwerben mit Option für den Rest. Das Renault Traktoren-Programm wird mit der Zeit komplett auf Claas-Farben umgestellt. Durch die Übernahme verschwindet der Markenname Renault bei Traktoren vom Markt.
Durch die Übernahme wuchs das Unternehmen um über 600 Millionen Euro Umsatz und ca. 2.000 Mitarbeiter. Heute sind in der weltweiten Claas-Gruppe etwa 8.000 Mitarbeiter beschäftigt, der Umsatz liegt bei etwa 2 Milliarden Euro.

▼ Der Celtis ist mit kraftvollen Aggregaten von 72 bis 100 PS ausgestattet.

▶ Der Celtis steht mit kraftvollen Aggregaten von 72 bis 100 PS nach ECE R24 zur Auswahl.

▶ Der Celtis RC ist mit einer mechanischen Wendeschaltung und einer mechanischen Untersetzung ausgestattet.

▶ Die mechanische Untersetzung der Gänge oder die komfortable Twinshift Lastschaltung ermöglicht eine schnelle Geschwindigkeitsanpassung an die jeweiligen Arbeitsbedingungen. Damit stehen im Hauptarbeitsbereich neun Geschwindigkeiten zur Verfügung.

◀ Komfort bedeutet weit mehr als nur ein bequemer Sitz. Deshalb haben die CLAAS-Ingenieure den Begriff Fahrkomfort völlig neu definiert und für den Ares ein umfassendes Komfort-Konzept entwickelt.

◀ Das Heckhubwerk stemmt durchgehend 6,5 t, der Frontkraftheber maximal 2,8 t. Die 110-l-Loadsensing-Hydraulikpumpe (Option) ermöglicht den gleichzeitigen Einsatz mehrerer hydraulischer Steuergeräte.

◀ Im Ares 500 arbeiten modernste 4,5-l-Vierzylinder-Motoren mit Turbolader. Die elektronisch geregelte Einspritzung dosiert präzise den Kraftstoff und hält gleichzeitig den Verbrauch niedrig. Seine große Durchzugsstärke überzeugt auch im unteren Drehzahlbereich. Und dank einem enormen Drehmomentanstieg verfügt der Ares 500 über Kraftreserven, mit denen ihm auch bei wechselnden Bodenverhältnissen nicht die Puste ausgeht.

▶ Der Ares 600 verfügt über ein Leistungsspektrum von an 6,8-l-Sechszylinder-Motoren von 110 bis 140 PS (ECE R 24), 24/24 Hexashift-Getriebe mit sechs Lastschaltstufen, Hexactiv-Getriebeautomatik (Option) und einem Super-Kriechgang ab 110 m/h

▶ Mit den schwenkbaren Vorderradkotflügeln ist ein maximaler Lenkeinschlag von bis zu 55° möglich. In Verbindung mit dem Frontlader besticht der Ares 600 ebenfalls durch seine ausgezeichnete Manövrierfähigkeit.

▶ Der Ares bietet wahlweise zwei Varianten von Hubwerksteuerung: TCE 25 mit aktiver Schlupfregelung oder TCE 15 T (Bosch EHR) mit digitaler Steuerung.

◀ Mit einer maximalen Leistung von 121 kW (164 PS) bis 151 kW (205 PS) entspricht der ARES 800 den Anforderungen eines großen Ackerbaubetriebes ebenso wie denen der Großflächenlandwirtschaft und von Lohnunternehmern.
In den Traktoren kommen modernste, kraftvolle und dennoch äußerst sparsame 6,8 l-Sechszylinder-Motoren mit Turbolader und elektronisch geregelter Einspritzung zum Einsatz.

◀ Bei allen Getrieben hat der Fahrer die Arbeitsgeschwindigkeiten voll im Griff und kann sich ganz auf die Geräte konzentrieren. Unabhängig von Last, Bodenart oder Gelände verlaufen die Arbeiten gleichmäßig, daraus resultiert eine hohe Produktivität.
Wechseln der Fahrer z. B. während des Transports den Gang, wählt Quadrshift II die Lastschaltstufe, die der tatsächlichen Geschwindigkeit am nächsten ist. Quadractiv schaltet die vier Stufen des Lastschaltgetriebes automatisch in Abhängigkeit von der Motordrehzahl und der Stellung des Gaspedals.

◀ Mit einer maximalen Hubkraft des Frontkrafthebers von 5,3 t hebt der Ares 800 mühelos auch schwerste Lasten im Frontanbau. Die elektrohydraulisch gesteuerte Frontzapfwelle schaltet ruckfrei zu und schont dadurch die Mechanik der Anbaugeräte.

▶ Axion steht bei Claas für ein Schlepperkonzept, das nicht auf eine einzelne Anwendung wie Feldarbeit oder Straßentransport optimiert ist. Ein Radstand von 2,98 m, die minimale Gesamtlänge und die frei wählbare Ballastierung von bis zu 2,9 t tragen wesentlich dazu bei. Hinzu kommen enorme Hubkraft und Leistungsdaten wie 600 U/min Konstantleistungsbereich, 43% Drehmomentanstieg und bis zu 30 PS zusätzliche Power-Reserve.

▶ Der Axion erzeugt einen geringen Bodendruck bei Pflegearbeiten.
Im Straßentransport kann das Leistungsgewicht durch variable Ballastierung verändert werden, wenn hohe Zugkraft benötigt wird. Die Gewichtsverteilung vorne/hinten beträgt 48%/52%.

▶ 600 U/min Konstantleistungsbereich und 43% Drehmomentanstieg – das sind imposante Leistungsdaten, mit denen der neue Axion auffährt.

Mit einer maximalen Leistung nach von 171 kW (232 PS) bis zu 208 kW (282 PS) lassen der Atles 926, Atles 936 und der Atles 946 in punkto Leistungsstärke keine Wünsche offen.
Die modernen 7,2 l-Sechszylinder-Turbo-Motoren von Deutz überzeugen beim Pflügen mit dem 9-Schar-Pflug genauso wie bei der Saat mit schwerer aufgesattelter Kombination oder beim Rübentransport mit voll beladenen Hängern.

Der Atles ist mit einem Full Powershift-Getriebe ausgestattet, das sich durch einfache Bedienung, Robustheit und eine hohe Effizienz auszeichnet. Das Getriebe bietet 18 Vorwärts- und 8 Rückwärtsgänge, die durch einfachen Fingerdruck betätigt werden.

Satte 12 Tonnen kann der Atles in der Heckhydraulik heben, und sein Frontkraftheber mit 6,6 t steht in Sachen Leistungsfähigkeit dem in nichts nach.
Die Load Sensing-Hydraulikanlage ermöglicht den gleichzeitigen Einsatz mehrerer hydraulischer Steuergeräte.

▶ Mit dem Xerion Saddle Trac bringt CLaas ein Systemträgerfahrzeug auf den Markt, das in seiner Vollrahmenbauweise bestmögliche Tragfähigkeit garantiert.
Vier gleich große Räder und einer Leistung von über 300 PS bieten großes Zugvermögen bei gleichzeitiger Bodenschonung.
Die Kabinenposition oberhalb des Motors sorgt für einen riesigen Aufbauraum.

▶ Bei der Gülleausbringung stößt der Landwirt schnell an die Grenzen. Eine schlagkräftige und bodenschonende Lösung ist beispielsweise der Xerion Saddle Trac mit einem 26-m³-Fass von Kaweco.

▶ Dank seiner Vollrahmenbauweise startet der Xerion 3300 in einer ganz anderen Gewichtsklasse. Von Haus aus liegt das Leergewicht bei 10,2 t ohne Räder. Im Feldeinsatz lässt der Vollrahmen ein Gesamtgewicht von 30 t zu.

◀ Dank seiner mächtigen Bereifung (z. B. 650/85 R38) verfügt der Xerion 3300 Trac über eine große Aufstandsfläche und bringt seine Kraft auch ohne Zwillingsräder auf den Boden.

◀ Als Universalgerät in einem Großbetrieb eingesetzt arbeitet ein Xerion 3300 Trac VC in der Gülleausbringung mit Schleppschlauch, Grünlandschlitzgerät, 6 m Scheibenegge oder 6 m Grubber und erzielt damit eine Leistung von rund 100 Kubikmetern pro Stunde. Und als wäre das nicht schon genug, mäht er jährlich noch in drei Schritten je 500 ha Gras.

◀ Die Tragfähigkeit der Front- und Heckhydraulik des Xerion 3300 Trac: Hinten die 6-m-Kreiselegge mit aufgebauter Sämaschine, vorne der 3,7 Tonnen schwere Frontpacker, das das Fahrzeug zuverlässig hebt und bewegt.

XERION

T7060
New Holland

New Holland

Die Firma New Holland wurde von Abe Zimmerman in New Holland im US-Bundesstaat Pennsylvania gegründet. Von dieser Ortschaft ist dann auch der Firmenname abgeleitet. 1947 fusionierte New Holland mit der Sperry Corporation und bildete fortan Sperry-New Holland. 1975 setzte das Unternehmen einen Meilenstein in der Geschichte der Getreideernte, in dem es den ersten Axialmähdrescher auf den Markt brachte. 1981 wurde New Holland von der Ford Motor Company übernommen, die New Holland jedoch bereits 1991, zusammen mit der eigenen Traktorenproduktion, an Fiat verkaufte. Da es Fiat durch diese Übernahme jedoch nur bis zum Jahr 2000 erlaubt war Traktoren unter dem Markennamen Ford zu vertreiben, begann man bereits 1993, Traktoren unter dem Markennamen New Holland herzustellen. Dabei trugen diese je nach Farbgebung noch den Schriftzug der jeweiligen Marke; terrakotta (Fiatagri) oder blau (Ford). Seit 2000 tragen die Traktoren nur noch den Markennamen New Holland und sind blau lackiert. Die Erntemaschinendagegen sind wie bisher weiterhin gelb lackiert.
Nachdem Fiat 1999 auch noch die Case Corporation übernahm, wurde aus beiden Unternehmen der Land- und Baumaschinenkonzern Case New Holland, der zu 78 % Fiat gehört.

▼ New Holland hat für die Entwicklung der Serie T7000 mehr als fünf Jahre verwandt und die neuen Traktoren in den wichtigsten europäischen Ländern sowie den USA hart getestet.

▲ Die neuen 4,5 l-Vierzylindermotoren der TL-A-Traktoren entwickeln eine Leistung von 72, 82, 91 und 100 PS.

▲ TLA bei Stallarbeiten mit dem Frontlader (oben) und im Feldeinsatz mit angehängter Sämaschine.

▲ Ein moderner Traktor muss die verschiedensten Anforderungen erfüllen. Die T6000-Traktoren sind kompakt und wendig und haben ein ausgezeichnetes Leistungsgewicht.

▲ Die T6000 Delta-Traktoren (101 bis 126 PS) werden allen Anforderungen von Viehhalte- und Ackerbaubetrieben gerecht.

▲ Die Motorenpalette der Serie T6000 Delta umfasst sowohl Vierzylinder- als auch Sechszylindermotoren.

▲ Das Modell T6040 Elite bringt eine Nennleistung von 90 kW (122 PS) mit einem Drehmomentanstieg von 45%. Bei Zapfwellen- und bei Transportarbeiten wird, falls die Leistung abgefordert wird, über das Motor-Leistungsmanagement die Leistung auf 107 kW (145 PS) erhöht.

▲ Die Motoren der Serie TM zeichnen sich durch maximale Leistung bei minimalem Kraftstoffverbrauch aus. Die Modelle TM175 und TM190 haben ein Leistungs- und Drehzahl-Management, das für eine optimale Motorcharakteristik sorgt.

▲ Die Modelle TM175 und TM190 mit Power Command-Getriebe werden ebenfalls mit dem äußerst effizienten 40-km/h-Economy- und 50-km/h- Direktantrieb-System angeboten.

▲ Die Serie T7500 umfasst fünf Modelle und erreicht Nennleistungen von 141 bis 196 PS.

▲ Der T8000 mit einer Leistungspalette von 167–242 PS macht nicht nur im Studio eine gute Figur (oben). Alle New Holland-Modelle sind mit der gefederten Terraglide-Vorderachse oder der Super Steer-Lenkachse ausgerüstet.

CASE
MXU100

Case

Case IH entstand, nachdem die Case Corporation 1984 die Landmaschinensparte von International Harvester übernahm.

Ab diesem Zeitpunkt werden die Landmaschinen der Case Corporation unter dem Markennamen Case IH vermarktet, während Case bzw. Case CE (=Construction Equipment) für Baumaschinen steht.

1986 wird Steiger ein Teil von Case IH, bis 1989 werden noch Traktoren unter dem Namen Steiger in der traditionellen grünen Farbe produziert. Ab 1996 werden wieder Großtraktoren mit dem Namen Steiger hergestellt, aber unter dem Namen Case IH Steiger, und diese sind in rot lackiert wie die anderen Traktoren von Case IH.

1995 wurde mit der Concord Inc. ein Hersteller von Direktsaat-Maschinen übernommen. Und 1996 kam mit Austoft Holdings Limited ein Hersteller von Maschinen zur Ernte von Zuckerrohr zum Unternehmen. Im selben Jahr wird auch die Traktorenproduktion von Steyr Daimler Puch übernommen.

1997 übernahm Case das ehemalige VEB Kombinat Fortschritt Landmaschinen.

Für den europäischen Markt wurden CASE IH Traktoren in Neuss (bis 1997) und auch in Belleville (Frankreich) sowie Paris gefertigt.

Durch die Fusion mit dem Traktorenhersteller New Holland im Jahre 1999 entsteht CNH; Case IH bleibt als eigenständige Marke bestehen.

▼ Als Messe-Neuheit stellt Case IH 2007 auf der Sima den neuen Puma vor. Hierbei handelt es sich um einen neu entwickelten Schlepper. Die Baureihe umfasst vier Modelle mit 167 bis 213 PS.

▲ Die Linie der Maxxum X- Line gibt es mit leistungsstarken Dieselmotoren mit 101 bis 141 PS. Die Turboladermotoren sind auf sparsamen Kraftstoffverbrauch und niedrige Schadstoffemissionen ausgelegt.

▲ Die Kabine der Maxxum X-Line wurde speziell als Niedrigdachkonstruktion konzipiert. Sie eignet sich für extrem niedrige Durchfahrten und erhöht die Manövrierfähigkeit des Traktors. Die gute Sicht und Wendigkeit der Modelle der X-Line machen das Arbeiten in und zwischen Scheunen ebenso wie das Durchfahren nicht allzu hoher Tore oder Einfahrten wesentlich leichter.

▲ Die jüngste Generation der innovativen CVX-Traktoren von Case IH umfasst fünf Traktoren. Die Motoren erfüllen die EU-Abgasnorm Tier II und verfügen über eine Nennleistung von 141 und 196 PS bei einer niedrigen Motordrehzahl von 2100 U/min.

▲ Die emissionsarmen 6,6 l Turbodiesel-Motoren der CVX-Traktoren mit Intercooler und elektronischem Einspritzsystem von Bosch sind auf Leistung und Wirtschaftlichkeit ausgelegt.

▲ Mit vier Modellen von 167 bis 213 PS bieten die Puma- Traktoren, made in Austria, ein großes Leistungsspektrum für viele Einsatzgebiete. Die ergonomisch gestaltete Surround-Vision-Kabine ermöglicht eine praktisch ungehinderte Rundumsicht.

▲ Den Magnum 225, 250 und 280 gibt es mit 8,3-l-Motor und einer Höchstleistung von 257 bzw. 285 und 313 PS. Das Modell 310 ist mit einem 9,0-l-Motor ausgestattet und bietet starke 345 PS.

▲ Magnum-Traktoren werden serienmäßig mit einem 682 Liter Kraftstofftank geliefert. Das Getriebe mit 19 Vorwärts- und 4 Rückwärtsgängen ist auf 50 km/h ausgelegt.

▲ Der Knicklenker Steiger STX bietet mit seiner Surveyor-Kabine nicht nur das größte Platzangebot, mit 6,3 m² getönten Scheiben zeichnet sie sich außerdem durch die in der Branche großzügigste Verglasung aus.

◀ Vier gleich große Räder, Allrad-Antrieb und ein langer Radstand bringen die Kraft gleichmäßig auf den Boden..

◀ Durch ihre werkseitig montierten Gewichte sind die Steiger-Traktoren gegenüber den Großtraktoren des Wettbewerbs im Vorteil. Bei einem höheren Bruttogewicht der Maschine ist weniger zusätzliche Ballastierung für Spitzenleistungen und Steigerung der Zugkraft erforderlich.

◀ Die Modelle 380, 430, 480 und 530 in der Quadtrac-Ausführung mit 76 cm bzw. 91 cm Laufbändern „schweben" beinahe durch die Felder.
Mit der neuen Serie bietet Case IH allen landwirtschaftlichen Großunternehmen mehr Auswahl denn je in der Leistungsklasse von 389 PS/286 kW bis 543 PS/399 kW an. Sechs Modelle, die sich nicht nur in der PS-Zahl, sondern auch in ihrer technischen Konzeption unterscheiden, sind in drei Ausführungsvarianten erhältlich.

▲ Der Quadtrac ist ein Traktor, der auf maximale Traktion bei gleichzeitiger Bodenschonung ausgelegt ist. Selbst am Vorgewende lässt er, durch die Knicklenkung, so gut wie keine Spuren zurück.

STEYR
STEYR
9080M

Steyr

1864 ist das Gründungsjahr von Steyr. In diesem Jahr nimmt Josef Werndl seine Waffenfabrik in Steyr in Betrieb, die 30 Jahre später auch mit der Produktion von Fahrrädern beginnt.
1915 verläßt der erste Steyr-Traktor und ein Jahr später das erste Steyr-Automobil das Werk.
Puch & Comp wird 1889 in Graz gegründet und bald ein erfolgreicher Fahrrad-, Motorrad- und Automobilproduzent.
Austro-Daimler besteht seit 1899 und beginnt zu Anfang dieses Jahrhunderts mit der Automobil-, Bus- und Lkw-Fertigung.
Diese drei traditionsreichen Firmen fusionieren 1934 zur Steyr-Daimler-Puch AG, einem bedeutenden Wirtschaftsfaktor in der österreichischen Industrieszene.
Im Jahr 1947 wurde mit der Großserienproduktion von Steyr-Traktoren begonnen. Seitdem ist Steyr auch der österreichische Marktführer in dieser Branche, und hat somit die heimische Landwirtschaft weitgehend geprägt. In den 60er Jahren wird der erste Steyr-Ladewagen und als technische Pionierleistung der erste Steyr-Allradtraktor vorgestellt.
Im Zuge einer modernen Konzernentwicklung kommt es 1990 zur Verselbstständigung derTeilbereiche.
1996 wird die STEYR Landmaschinentechnik AG von der Case Corporation – einem der weltweit führenden Traktorenhersteller übernommen und in Case-Steyr Landmaschinentechnik umbenannt.
Seit der Fusion von Case Corp. und New Holland zu CNH, im November 1999, gehört die Marke Steyr zu einem der weltweit größten Landmaschinenhersteller.

▼ Jeder CVT-Traktor von Steyr wird von einem umweltfreundlichen 6,6 l Turbodiesel mit Ladeluftkühlung und Common-Rail-Einspritzung angetrieben.

▲ Steyr hat die Baureihe 9000 M völlig überarbeitet. Der neue Steyr 9000 MT wird damit in der Klasse zwischen 80 und 100 PS zum Klassenprimus – konzipiert als leistungsstarker, komfortabler und zuverlässiger Allzwecktraktor für alle Anwendungen.

▲ Die Steyr Profi-Serie ist das Ergebnis von beinahe 60 Jahren solider österreichischer Fahrzeugbautechnik.

McCormick

Das Unternehmen wurde 1889 in Baltimore, Maryland gegründet. Bereits 1906 läuft ein erster Einzylinder-Ackerschlepper vom Band und die IHGB wird gegründet. 1949 wird der erste Farmall in Großbritanien gebaut.

1985 erfolgt der Verkauf von IHC an die Case-Sparte von Tenneco Inc. Die Marke McCormick verschwindet vom Markt.

1994 macht Case das Werk Doncaster zum europäischen Leistungszentrum für den Montagebetrieb.

Im Jahr 1999 fusionieren die Beiden Firmen Case und New Holland unter der Auflage, das Werk Doncaster inklusive Konstruktionswissen aufzugeben.

Im Jahr 2000 kauft der italienische ARGO-Konzern das Werke Doncaster und somit auch den Markennamen McCormick, die Produktreihen 50 bis 100 PS (C, CX und MXC) und die Rechte an der Entwicklung des MX Maxxum.

Inzwischen sind weitere Modelle entstanden.

▼ Die drei Modelle des McCormick ZTX sind mit Cummins QSC Motoren ausgestattet. Dieser verfügt über 8,3 Liter Hubraum, 24 Ventile und bietet ein Leistungsspektrum von 230 bis 280 PS.

▲ Oben: Der McCormick MC Power6 mit 6 Zylinder-Motor wird in einer 115 PS- und einer 132 Ps-Variante angeboten.
Unten: Fünf Modelle stehen in der McCormick MTX-Baureihe zur Verfügung.

▲ Oben: Die McCormick XTX-Baureihe umfasst drei Modelle in der Leistungsklasse von 173 bis 228 PS.
Unten: Für die McCormick ZTX-Baureihe ist neben der starren Standardachse auch eine gefederte Vorderachse verfügbar.

LEMKEN

Same-Deutz-Fahr

Die lange Geschichte von Deutz-Fahr ist mit einem Namen eng verbunden: Nicolaus August Otto gründete 1864 die Motorenfabrik N.A. Otto & Cie., später Klöckner-Humboldt-Deutz AG (KHD) in Köln, und erfand kurz darauf den ersten Viertakt-Verbrennungsmotor.
Als herausragende Beispiele gelten der Beginn der Serienproduktion von Traktoren mit Dieselmotor (1927), die Serienfertigung von Kleintraktoren (1936), der Einsatz von luftgekühlten Dieselmotoren (1949), der erste „Freisicht"-Traktor AgroXtra (1990) und der Agrotron-Baureihe (1995), die den Begriff „Traktor" neu definiert hat.
Der Erfolg der Traktoren-Spezialisten wird durch entsprechende Rekordzahlen belegt:
1992 lief der 1.000.000ste Traktor vom Band. Bis heute sind weit über 500.000 Deutz-Fahr-Traktoren weltweit im Einsatz. Davon allein fast 320.000 allein in Deutschland.
Seit 1995 gehört Deutz-Fahr zur Same-Deutz-Fahr Gruppe.

▼ Ein Fronthubwerk mit einer Hubkraft von 4,0 t ermöglicht den problemlosen Anbau von Frontmähwerken und Fronttanks für Saatgut und Düngemittel.

▲ Alles in allem ist der Agrotron K ein Traktor, in den die Erfahrung von über 75 Jahren maßgeblicher Technologieentwicklung in der Landmaschinenindustrie eingeflossen ist. Sein Leistungsspektrum umfasst 90–120 PS.

▲ Der Agrotron verfügt über moderne, neu entwickelte und wirtschaftliche Deutz-Motoren. Hubräume von 6,1 bzw. 7,2 l und Überleistungen bis zu 12 PS ermöglichen das sichere Abfangen von Lastspitzen während der Einsätze.

▲ Die Agrotron TTV-Baureihe bietet ein Leistungsspektrum von 148–145 PS. Die Nennleistung wird bereits bei 1.800 /min erreicht.

DEUTZ-FAHR

▲ Eine leistungsfähige Load-Sensing Hydraulikanlage mit einer enormen Hubkraft von 10,5 Tonnen und einer maximalen Förderleistung von 120 l/min gehört bereits zur Serienausstattung des Agroton X.

▲ Das Spurführungssystem Agrosky ASG von Deutz-Fahr bietet eine Genauigkeit von ± 2 cm dank des Einsatzes des RTK-Signals und eine Wiederholbarkeit der Fahrspuren bei jedem Arbeitsgang des Jahres.

▲ Lamborghini präsentiert die neuen R8-Traktoren, eine moderne, zeitgemäße Serie. Diese neuen Traktoren sind in zwei Ausführungen, dem R8.215 und dem R8.265, mit einer Nennleistung zwischen 211 und 262 PS erhältlich.

▲ Hürlimann bietet neben kleineren Traktoren bei seinem XL zwei Motorenvarianten an: einen 6 Liter mit 130 und 150 PS und einen 7 Liter mit 150, 165 und 180 PS.

▲ Um eine maximale Produktivität zu erreichen, hat sich die neue Baureihe Same Irion die neuesten Technologien zu eigen gemacht und spricht somit Landwirte an, die auf leistungsstarke, zuverlässige und komfortable Traktoren angewiesen sind.

▲ Der neue Same Irion 200 wurde auf die Bedürfnisse großer Landwirtschaftsbetriebe abgestimmt, die auf Maschinen zur Bewältigung schwerster Anforderungen zählen. Mit einem 7-Liter-Motor mit 214 PS meistert er diese Anforderung spielend.

▲ Die für Profi-Landwirte und Bauunternehmer von Same konzipierte neue Baureihe mit den Modellen Diamond 215 und Diamond 265 verfügen über eine Nennleistung von 211 bzw. 262 PS.

John Deere

Von Heinrich Lanz zu John Deere – ein historischer Zusammenschluss. 1956, als der 200.000ste Lanz Bulldog in Mannheim vom Band läuft, übernimmt John Deere die Aktienmehrheit der traditionsreichen Firma Heinrich Lanz. Die Heinrich Lanz AG hatte sich sowohl auf dem Traktorenmarkt als auch auf dem Erntemaschinensektor einen ausgezeichneten Ruf erworben, war aber unter anderem durch die Folgen des Zweiten Weltkrieges in wirtschaftliche Schwierigkeiten geraten. Die Übernahme der Heinrich Lanz AG durch John Deere bedeutete: den Erhalt der Standorte Mannheim und Zweibrücken, den Erhalt von Arbeitsplätzen und neue Zukunftsperspektiven für den Landmaschinenhandel.

1960 wird der Firmenname übergangsweise in John Deere-Lanz AG geändert. Jetzt rollen auch die ersten grün-gelben Traktoren, entwickelt von John Deere, vom Band des Werkes Mannheim. Sie haben mit dem Bulldog kaum noch etwas gemein. Sieben Jahre später forciert John Deere mit der in Mannheim hergestellten 20er Traktorenbaureihe seinen Siegeszug auf dem Traktorenmarkt.

John Deere investierte in den 1960er Jahren rund 150 Millionen DM in die Mannheimer Fabrik und machte damit die John Deere-Werke Mannheim zu einer der modernsten Produktionsstätten der Branche. Auch in den folgenden Jahrzehnten sorgen kontinuierliche Investitionen in Mannheim und an den anderen John Deere-Standorten dafür, dass sich neben den Pro-

▼ Der 4,5-Liter-Motor im 5020er bietet einen hohen Drehmomentanstieg

dukten stets auch die Fertigung auf dem technisch neuesten Stand befinden.
Hochmoderne Fertigungsanlagen und erfolgreich umgesetzte Gruppenarbeitskonzepte ermöglichen ein optimales Qualitätsniveau.
Bis zum heutigen Zeitpunkt investiert John Deere in die Fertigung der John Deere-Werke Mannheim, um noch effizienteres und qualitativ hochwertigeres Arbeiten sicherzustellen – die John Deere-Werke Mannheim zählen wie bereits vor 50 Jahren zu einem der modernsten Traktorwerke.
Die ersten Mannheimer Traktoren mit dem Namen John Deere waren 1960 der John Deere Lanz 300 mit 28 PS und der 500 mit 36 PS. Diese Modellreihen verzeichnen erste große Markterfolge. Im Jahr 1967 werden diese Modellreihen durch die 32 bis 60 PS starken Traktoren der 20er Serie ersetzt. Durch die damals bereits sehr weit entwickelte Technik setzte diese Modellreihe den Erfolg der Mannheimer Traktoren fort.
Weitere wichtige Meilensteine folgen 1974 durch die Einführung der serienmäßigen Sicherheitskabine und im Jahr 1992 durch das Konzept des durchgehenden Brückenrahmens. Das Konzept der Rahmen- und Modulbauweise bietet Kunden ein Höchstmaß an Flexibilität bei der Konfiguration ihres Traktors. Diese und zahlreiche andere Innovationen, wie etwa die TLS-Frontachse, Kabinenfederung u.v.m., haben die John Deere-Werke Mannheim zu einem stark gefragten Lieferanten gemacht, die mit zuletzt über 37.000 pro Jahr produzierten Maschinen rund 90 Länder der Erde beliefert.

▲ Beim durchgehenden Brückenstahlrahmen der Serie 5020 sind Motor, Getriebe und andere Komponenten weniger Belastungen ausgesetzt. Das macht den Traktor stabil. Der Radstand von 2,25m ist Garant für hervorragende Wendigkeit.

▲ Die PowerTech-Motoren mit 4 und 6 Zylindern der Baureihe 6020 verfügen über einen großen Hubraum von 4,5 l bzw. 6,8 l und bieten ein Leistungsspektrum von 75 bis 125 PS.

▲ John Deere entwickelt und baut den größten Teil seiner Komponenten selbst. So lässt sich die Qualität besser überwachen. PowerTech Plus Motoren für den 6030 werden z.B. im eigenen Werk entwickelt und gebaut.

▲ Bei der CommonRail- und 4-Ventiltechnik (4V-CR) des 6030 sorgen vier Ventile pro Zylinder und die CommonRail-Hochdruckeinspritzung für ein verzögerungsfreies Ansprechverhalten bei Lastwechseln. Für Sie bedeutet das höchste Kraftstoffeffizienz.

▲ Ob auf dem Feld oder auf der Straße, die neuen Traktoren der Serie 7030 bieten Leistung satt (220 bis 250 PS). Mehr Getriebefunktionen mit bis zu 50 km/h bei reduzierter Motordrehzahl optimieren ihre Leistung bei jeder Geschwindigkeit.

▲ Die neuen 9,0 l John Deere PowerTech Plus Motoren in der Serie 8030 leisten 235 bis 350 PS. Je nach Bedarf ist die Serie 8030T mit unterschiedlichen Spurweiten und verschiedenen Raupenbreiten erhältlich.

▲ Die Kombination von 12,5 Liter PowrTech Motor und 18/6-Gang-Automatik PowrShift-Getriebe und den Einzelreifen 800/70R38 macht den 9020er Knicklenker zur idealen Maschine für die schwere gezogene Bodenbearbeitung bei 3 Meter Transportbreite.

▲ Mit den Modellen 9320, 9420 und 9520 setzt John Deere Maßstäbe im Großtraktorenbau: Basis für die extreme Zugkraft ist der 12,5 Liter PowrTech Motor mit zukunftsweisender Motorentechnologie und bis zu 507 PS maximaler Leistung.

JCB

JCB

Bereits 1949 gründete Joseph Cyril Bamford das Unternehmen für Bau- und Landmaschinen, das seine Initialen trägt. Alles begann in einer Werkstatt mit einer Fläche von gerade einmal 3 x 4 m.
Heute zählt die JCB-Zentrale zu den modernsten Produktionsstätten Europas. Das Unternehmen, das als Ein-Mann-Betrieb begann, beschäftigt heute über 6.000 Mitarbeiter und fertigt an seinen Standorten in Großbritannien, den USA, Indien, Deutschland sowie Südamerika mehr als 278 unterschiedliche Produkte.
Außerdem vertreibt das Unternehmen ein vollständiges Maschinenprogramm in über 1590 Ländern.
JCB ist der größter Baumaschinenhersteller in Privatbesitz in der Welt. Der Konzern tätigt Investitionen in Forschung und Entwicklung und kann ein ständig aktualisiertes Produktprogramm mit derzeit über 180 Maschinen anbieten. Er verfügt über die größte Auswahl an Kompaktmaschinen in der Welt und hat Lösungen für so vielfältige Industrien wie Bau, Landwirtschaft, Abfallumschlag, Landschaftsbau, Militärwesen, Holzwirtschaft und viele weitere Spezialgebiete parat.
1991 stößt das Unternehmen in ganz Europa mit dem Fasttrac in eine Marktlücke, die durch das Produktionsende des MB-Trac enstanden war.

▼ Dank der höheren Fahrgeschwindigkeiten kann der JCB Fastrac schneller größere Strecken überwinden als ein herkömmlicher Traktor.

▲ Fasttraks von JCB haben einen 24-Ventil-Motor der QSC-Serie von Cummins . Er verfügt über Common-Rail-Einspritzsystem und elektronisches Management, erreicht 248 PS und ein maximales Drehmoment von 1179 Nm.

Weitere Hersteller

Neben den Großkonzernen tummeln sich weltweit viele Unternehmen, die sich auch mit Traktorenbau beschäftigen. Häufig sind das Firmen, die ihre Produkte in Lizenz von anderen Herstellern für ihr jeweiliges Land fertigen.
In den meisten Fällen werden Motoren, Getriebe und Antriebsstränge von namhaften Herstellern bezogen und es entsteht ein Mix aus bestehenden Komponenten, wie Fahrwerke, Karosserien und Technik aus den weltweit führenden Herstellerregalen.
Die überwiegende Mehrzahl tummelt sich im Leistungsbereich von 25 bis 80 PS – Großmaschinen werden quasi überhaupt nicht gebaut. Dieser Markt wird von den weltweit führenden Herstellern abgedeckt.
Oft präsentieren die Hersteller ein umfassendes Programm an Maschinen für den Baubereich, woraus sich Traktoren oder Traktoren ähnliche Fahrzeuge ableiten und das Lieferprogramm des jeweiligen Herstellers ergänzen.
Beschäftigt man sich mit den Strukturen der einzelnen Länder, erkennt man schnell, dass Allroundgeräte gefordert sind, die einfach gebaut und leicht zu bedienen sind. Diese Bedingungen werden bei den einzelnen Herstellern in vollem Umfang erfüllt.

▲ Farmtrac Tractors Europe Sp.zo.o.baut in Polen Traktoren für den europäischen Markt. Lizenzgeber ist Escorts Agri Machinery Inc, USA, die zu 100% zu Escorts Ltd. Indien gehört.

▲ Mahindra baut in Indien sieben Baureihen in den Leistungsklassen 42 bis 75 PS.

▲ Limb-Traktoren aus der Slowakei sind aus bekannten Komponenten, wie Dieselmotoren von Perkins und Getrieben und Antrieben von Carraro hergestellt.

▲ Der Jinma aus China wird optional als Bausatz für knapp 6.000 US-Dollar in alle Welt geliefert. Als fertig montierte Fahrzeuge stehen zwölf Modelle zur Verfügung.

LEMKEN

Anbaugeräte

▲ Die Keilringwalze KW stellt verfestigte Streifen her, in die das Saatgut abgelegt wird. 1/3 des Bodens wird dabei in Streifen rückverfestigt, 2/3 der Oberfläche bleiben offen, um das Saatgut optimal mit losem Boden zu bedecken.

▲ Lemken Vierschardrehpflug mit Streifenkörpern und Untergrundpacker.

▲ Alle Lemken Anbaupflüge besitzen das moderne hydraulische Drehwerk Uniturn mit doppelt wirkendem Umschaltzylinder und integrierter automatischer Neigungsverriegelung.

▲ Lemken Aufsattel-Drehpflug VariTitan, 5- bis 12-furchig lieferbar, für Traktoren ab 132 kW (180 PS).

▲ Der Kuhn Anbauvolldrehpflug Varimaster 182 NSH bedient Arbeitsbreiten bis zu 3,50 m in einer Überfahrt.

▲ Durch einfaches Anbauen von Erweiterungen an Rahmen und Zugstange kann der Kuhn-Vari-Timer problemlos im Baukastenprinzip von 5- auf 7- furchig erweitert werden.

▲ Der Kuhn Challenger NSH wird als 7- bis 12-furchiger Aufsattelvolldrehpflug angeboten.

▲ Aus Österreich kommt der Pöttinger SERVO 65. Ihn gibt es auch mit hydraulischer Schnittbreitenverstellung und hydraulischer Überlastsicherung.

▲ Rabe bietet 5- bis 10-fruchige Anbaudrehpflüge mit hydraulischer Steinsicherung oder Scherschraubensicherung an.

▲ Neben dem Lockern harter Böden verfügt die Spatenmaschine auch über eine mengende Wirkung. Die Revolution 70 wird hauptsächlich auf Böden eingesetzt, die mit Gewächsen bepflanzt werden, die dort über einen längeren Zeitraum stehen.

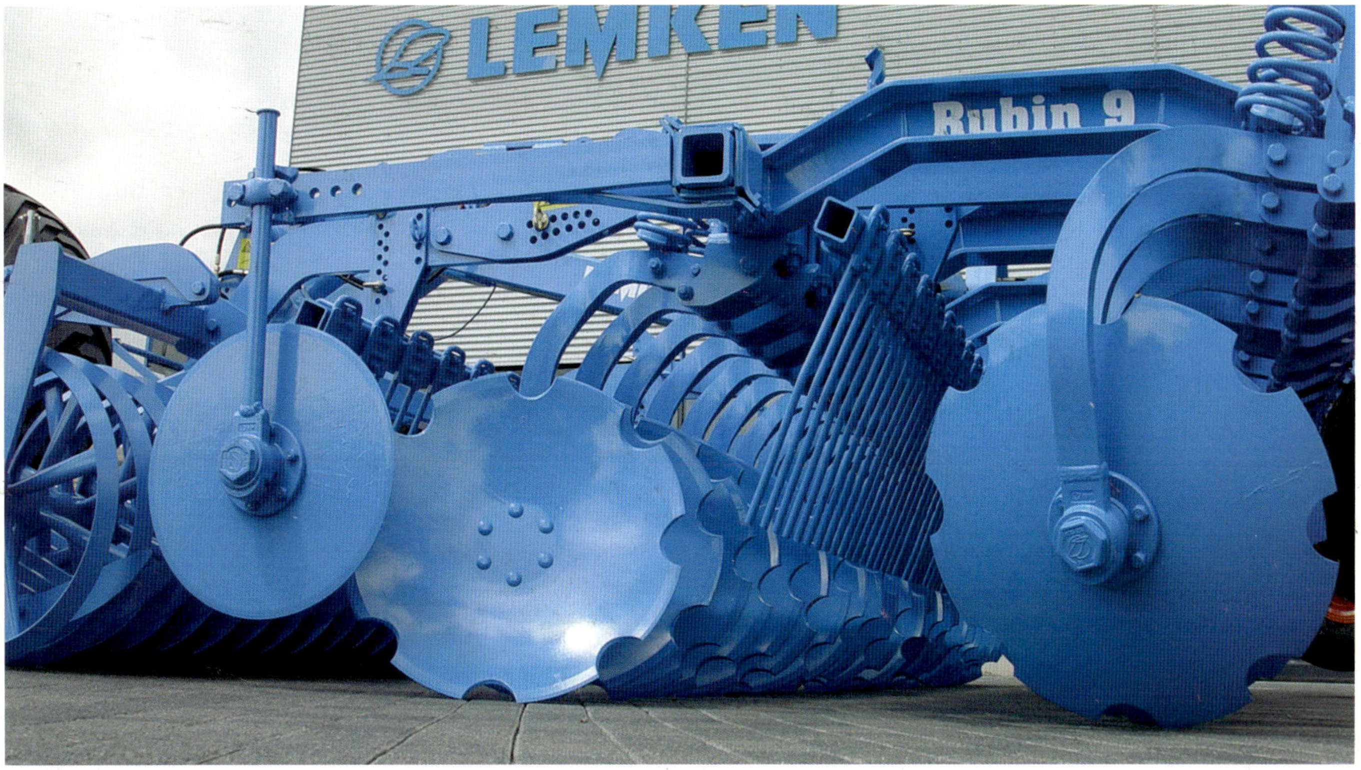

▲ Die Kurzscheibenegge für hohe Flächenleistung ist ideal für die Bearbeitung von Stilllegungsflächen, Lagergetreide, Maisstroh oder hoch gewachsenen Gründüngungsbeständen. In Arbeitsbreiten von 250 bis 800 cm lieferbar.

▲ Die universelle Kurzkombination als Frontanbau. Für die Mulchsaat folgt nach dem Zinkenfeld der Walzennachläufer, um optimale Bedingungen für die nachfolgenden Säschare zu erzeugen.

▲ Ein universeller Scheibengrubber für alle Einsatzzwecke – von der Stoppelbearbeitung bis zur Saatbettbereitung.

▲ Druckluftgebremste Fahrwerksachse mit großdimensionierten Aufsattelrädern bei maximaler Spurweite (zugelassen bis 8 t Gesamtgewicht und 50 km/h) für den Straßentransport des Scheibengrubbers.

▲ Gefederter Grubber mit Tandemkrümler.

▲ Kökerling Allrounder zur Saatbettbereitung nach dem Pflug zum Auflockern und Belüften der Böden im Frühjahr.

▲ Der Köckerling Allrounder zeichnet sich durch einen hohen Rahmendurchgang aus.

▲ Die CWA-Cambridgewalze wird speziell als Nachlaufwalze für Köckerling-Aufsattelschwergrubber gebaut.

▲ Saatbettkultivierer mit Fahrwerkachse von Kverneland.

▲ Grubber mit mechanischer Steinsicherung.

▲ Der Amazone-Grubber Centaur ist eine multifunktionale Bodenbearbeitungs-Kombination für den pfluglosen Ackerbau.

▲ Die Kompaktscheibenegge wird für die intensive, flache Stoppelbearbeitung im Anschluss an die Ernte eingesetzt.

▲ Dieser Kombination wird für die flache Stoppelbearbeitung und die Mischung von Pflanzenrückständen und Boden eingesetzt.

▲ Für die Umrüstung des Centaur von Arbeits- in Transportposition wird die Maschine hydraulisch eingeklappt.

MaxEmerge XP

▲ Aufbaudrillmaschine für konventionelle und konservierende Bestellverfahren in Arbeitsbreiten von 250 bis 400 cm.

▲ Die John Deere Direktsaatmaschine kann mit einer Arbeitsgeschwindigkeit von 15 km/h betrieben werden.

▲ John Deere liefert Sämaschinen ab Werk mit Druckluftbremsanlage, TÜV-Abnahme und Straßenverkehrszulassung aus.

▲ Die Lemken Drillmaschine Solitair 10 CL hat einen 5.800 Liter fassenden, aufgebauten Saatgutbehälter und eine im Drehpunktanbau angebaute Kreiselegge.

▲ Die pneumatische Drillmaschine von Lemken kann mit Doppel- oder Einscheibenscharen ausgerüstet werden.

▲ Massey Ferguson Maissämaschine mit Unterfußdüngetechnik und seitlich angebauten, hydraulisch ausfahrbaren Markierungsarmen.

▲ Achtreihige Einzelkornsämaschine mit Flüssigdüngertanks.

▲ Grimme Stein- und Klutenseparierer in Formation.

▲ Grimme Kartoffelpflanzmaschine – erledigt Saatbereitung, Legen und Häufeln in einem Arbeitsgang.

JOHN DEERE

▲ John Deere Anbaufeldspritze mit Teleskop-Spritzgestänge.

▲ Lemken Anhängefeldspritze mit einem Tankvolumen von bis zu 6.000 Liter Spritzflüssigkeit. Die Arbeitsbreite beträgt bis zu 28 Meter.

▲ Rau Anhängespritze (oben) und Anbauspritze (unten) in Transportstellung. Bei ausgefahrenen Spritzgestänge kann eine Arbeitsbreite bis zu 45 Metern erreicht werden.

▲ Rau Anhängefeldspritze mit Achslenkung. Während des Lenkvorgangs bleibt das Fahrgestell stabil, die Räder lenken auf der Stelle.

▲ John Deere Anhängefeldspritze (oben) im Pflanzenschutzeinsatz bei Zuckerrübenjungpflanzen. Im Obst- und Weinbau werden Gebläsespritzen (unten) eingesetzt.

▲ Frontmäher in Kombination mit Ladewagen werden zur täglichen Grünfutterernte eingesetzt.

▲ Drillingskombination, bestehend aus drei Mähwerken (oben). So ausgestattet werden Spitzenleistungen von 20 ha Mähleistung pro Stunde erreicht. Kombination aus Frontmäher und Scheibenmähwerk (unten).

▲ Kombination aus Frontmähwerk und zwei Heckmähwerken (oben). Gezogenes Mähwerk mit Schwadzusammenführung (unten).

▲ Die Firma Pöttinger aus Österreich produziert Frontscheibenmäher mit 3,46 m Arbeitsbreite (oben). Vom gleichen Hersteller eine Dreipunkt geführte Mäheinheit mit schräg eingebauten Entlastungsfedern (unten).

▲ Bei dieser Heck-Scheibenmäher-Kombination kann die Mähschwade geteilt oder über die gesamte Breite abgelegt werden. Die Teilung wird durch zwei Fördertrommeln erreicht.

CropCutter
New Holland
BR750

▲ Fertig in Folie verpackt wird die Heuernte bei der New Holland Press-Wickelkombination angelegt (oben). Die John Deere Rundballenpresse ist in der Einstellung der Ballengröße variabel (unten).

▲ Das patentierte Transport-Tisch-System von John Deere erleichert das Ballenpressen im hügligem Gelände. Der Ballen wird sanft auf dem Boden abgesetzt. Ballen, Pressen und Wickeln erledigt die Maschine in einem Arbeitsvorgang.

▲ Die John Deere 568 MultiCrop Rundballenpresse verarbeitet kompromisslos alles, was kommt: Stroh, Silage oder Heu.

▲ Die Combi Pack 1500 V von Krone ist die weltweit erste Press-Wickelkombination mit variabler Kammer. Ballendurchmesser von 1,0 bis 1,5 Meter sind möglich.

▲ Das Krone-Konzept mit der völlig geschlossenen Ballenkammer und dem Stabkettenelevator hat sich bewährt.

▲ Mit fünf verschiedenen Ballenmaßen mit konstant hoher Dichte, die durch eine Vorpresskammer gewährleistet wird, haben New-Holland-Großballenpressen Vorteile gegenüber dem Wettbewerb.

▲ Die rechteckige Ballenform bietet in der Praxis Vorteile. Mit höchster Pressdichte wird Silage, Stroh und Heu exakt geformt, wobei die Ballenlänge verändert werden kann. Auf geringstem Raum kann so die Erntegutmenge optimal gelagert werden.

▲ Der Claas Quadrant 3400 verfügt als einzige Maschine am Weltmarkt über ein 2,35-m-Pickup mit hydraulischem Antrieb. Der Presskanal ist drei Meter lang, mit 46 Kolbenhüben pro Minute werden in Rekordzeit Stroh, Heu oder Silage verdichtet .

▲ Die Massey-Ferguson-Doppelknoter, der im Werk in Hesston (USA) entwickelt wurden, haben sich branchenweit als führend etabliert und in mehr als 25 Jahren Millionen von Ballen geknüpft.

▲ Der Schleppschlauch-Verteiler mit eingebautem Schneidwerk hat eine sehr exakte Verteilung und arbeitet nahezu geruchlos. Abschaltbare Schläuche erlauben universelle Einsätze und veränderliche Arbeitsbreiten.

▲ Profitanker mit Drehkolbenpumpe sind unabhängig und überall sofort einsatzbereit. Das Fassungsvermögen der Tanks reicht von 3200 bis 27000 Liter.

TerraGator

Selbstfahrer

TERRA-GATOR

Selbstfahrer

Unter dem Begriff „Selbstfahrer" versteht man Arbeitsmaschinen, die nicht durch Zugmaschinen gezogen werden, sondern einen eigenen Motor haben und selbst fahren.

◀ Der TerraGator vefügt über einen DPS 6081H 6 Zylinder Turbodieselmotor mit 300 PS und 8.1 Liter Hubraum. Die Kraftübertragung erfolgt über ein Terra Shift Getriebe mit 11/3 Gängen.

▲ Oben: Strautmann-Mischwagen aus der Serie Verti-Mix Double SF dienen zur Versorgung hochleistender Tiere in Großbetrieben. Unten: Sgariboldi MAV-Futterfräsmaschine – die Fräse moduliert je nach Bedarf Leistung und Futterschonung.

▲ Der Gukkiver schneidet, dann mischt er; beim Laden kann die Arbeitsweise des Häckslers für jedes Futtermittel individuell bestimmt werden. Er ist mit einem Volumen von 15, 18 und 21 m³ erhältlich.

▲ Der RoGator 1074 wird von einem 275 PS starken 7,2 Liter CAT-3126B-Turbodieselmotor mit 6 Zylinder angetrieben.

▲ Der RoGator wurde speziell für Lohnunternehmer und große Ackerbaubetriebe entwickelt.

▲ Wahlweise bevoratet der Rogator 4.000 oder 5.000 Liter Spritzmittel in seinem Polyestertank. Das Spritzgestänge hat eine Ausladung von 18 bis 36 Meter.

▲ Durch sein geringes Gewicht ist der Spra-Coupe die perfekte Maschine für schwierigste Bedingungen, wie beispielsweise nasses und sehr schräges Gelände.

▲ Der Spra-Coupe 7450 hat einen hohen Bodenfreiraum. Eine ausreichende Motorleistung sorgt dafür, dass auch bei Gefälle oder unter schwierigen, nassen Bedingungen mit hoher Geschwindigkeit gefahren werden kann.

▲ Der Spra Coupe wird dank seiner höhenverstellbaren Räder in allen Kulturen eingesetzt.

▲ Der Spra-Coupe 7650 ist das Spitzenmodell der Spra-Coupe 7000-Serie und verfügt über einen extra hohen Bodenfreiraum. Das macht den 7650 besonders geeignet für den Einsatz bei Pflanzen wie Mais, Sonnenblumen und Raps.

▲ Das Universalgerät ist für Wechselaufbauten geeignet. Ist die Spritze nicht im Einsatz, fungiert das Trägerfahrzeug als Düngerstreuer.

▲ Die Einzelradaufhängung und der serienmäßige Allradantrieb ermöglichen dem RoGator eine hervorragende Leistung auf dem Feld. Eine Allradlenkung ist als Option erhältlich.

▲ Der Challenger RoGator 618 (oben) ist speziell für hohe Lastkapazitäten ausgelegt. Die Höchstkapazität beträgt 5000 Liter für Spritzen und 5500 kg für Spreuverteiler. Extreme Bodenfreiheit von 1,22 Meter (unten) zeichnen die SpraCoupes aus.

▲ Die Spritzen der Serie Spra Coupe 4000 überzeugen durch ihre außerordentliche Leistung, durch die Spritzen bei hohen Geschwindigkeiten möglich wird.

▲ Mit dem hochbeinigen, allradgelenkten RoGator können Pflanzen auch in späteren Wachstumsphasen gespritzt werden, ohne sie zu beschädigen. Mit Standardreifen der Größe 300/95 R 46 besitzt der RoGator 618 eine Bodenfreiheit von 1100 mm.

▲ Der Challenger Terra Gator 9205 wurde für eine große Streukapazität mit minimaler Bodenverdichtung entwickelt. Mit dem 20-m^3-Tank oder der 16,2-m^3-Box und den 1050/50 R 32-Reifen eignet er sich dafür perfekt.

▲ Gülle-Selbstfahrer mit angehängtem Einarbeitungsgerät. Am unteren Fahrzeug kann man die Luftdruckregelung für die Räder erkennen.

▲ Knickgelenkter Gülletanker mit Güllegrubber, der die über Schlaüche ausgebrachte Gülle direkt in den Boden einarbeitet. Diese Geräte arbeiten nahezu geruchlos.

▲ Gülletanker mit Schlitzgerät (oben). Am unteren Fahrzeug ist das Hundegangfahrgestell zu erkennen, mit dessen Einsatz geringerer Bodendruck erzeugt wird.

▲ TerrGator Gülletanker werden mit Saugsystemen wie Grubensaugarm, Containersaugarm und Zentrifugalladearm angeboten.

▲ Das Nachtanken aus der Güllelgune ist mit dem kräftigen eingebauten Pumpensystem kein Problem. Das Ausbringen mit diesen Kolossen fordert jedoch Erfahrung vom Fahrer.

▲ Weltweit gesammelte Praxiserfahrung vereinigt sich im Terra Gator 8133. Diese Maschine wird überwiegend von professionellen Lohnunternehmern eingesetzt.

▲ Fünffache Terrabereifung (oben) sorgt für größtmögliche Bodenschonung.

▲ Einsatz als Dünge-Ttellerstreuer (oben) und als Kalkstreuer mit angehängter Walze.

▲ Auch für Transportarbeiten einsetzbar – der Terra Gator als Kipper. Das untere Fahrzeug ist mit Raupenlaufwerk an der Vorderachse bestückt.

▲ Die Häckseltrommel im FR9000 verfügt über zwei Messerreihen mit 8, 12 oder 16 Messern, die die höchste Häckselleistung und -qualität bei der Auswahl der Schnittlängen sicherstellen.

▲ Oben: Blick auf die Vorpresswalzen und die Messertrommel.
Unten: Der Überladevorgang kann während der Fahrt auf parallel fahrendes Transportfahrzeug erfolgen.

▲ Oben: Selbstfahrender Feldhäcksler mit sechsreihigem Maisgebiss.
Unten: Selbstfahrender Silagehäcksler beim Überladevorgang.

▲ Die Claas Jaguar-Baureihe wartet mit fünf Modellen auf. In allen Modelllen sind Mercedes-Benz-Motoren (OM 502 LA und OM 460 LA) eingebaut. Die Leistung des Jaguar 900 wird mit 623 PS angegeben.

▲ Das Krone Exakt-Feldhäcksler-Programm BiG X wartet mit vier Modellen auf. Die Leistung des BiG X 1000 beträgt 1020 PS. Die Fahrzeuge sind mit einem Bunker zur Überladung ausgestattet.

▲ Der Futtervollernter des russischen Herstellers Rotselmash ist mit einem 290 PS-Turbodieselmotor ausgestattet. Mit seinen 24 Messern erreicht er eine konstante Schnittfrequenz von 20.000 Schnitten pro Minute.

▲ Der zweireihige SF 150-60 (oben) ist auf allen Böden der Welt zu Hause. Der ca. 15 Tonnen fassende und klappbare Großbunker des Tectron 415 (unten) ermöglicht ein Abbunkern der Kartoffeln während des Erntevorgangs.

MASSEY FERGUSON

Mähdrescher

DOMINATOR
CLAAS

Mähdrescher

Bis zur Mechanisierung der Landwirtschaft wurde Getreide manuell in zwei Stufen geerntet. Zuerst wurde direkt auf dem Feld das Getreide mit der Sense gemäht und in der Regel zu Garben gebunden, die man dann bis zur Trocknung des Strohs (das nicht notwendigerweise beim Schnitt schon trocken sein muss) auf dem Feld stehen ließ. Nach dem Abtransport wurde das Getreide auf dem Hof mit Dreschflegeln ausgedroschen und durch Siebe und Hochwerfen der Körner im Wind gereinigt.Mit der einsetzenden Mechanisierung wurden etwa ab 1786 zunächst stationäre Dreschmaschinen entwickelt, die Anfangs noch durch Tiere, später durch Dampfmaschinen, Verbrennungsmotoren, Elektromotoren und andere Antriebe ihre Energie bezogen. Für die Arbeiten auf dem Feld wurden ab 1834 so genannte Mähbinder entwickelt, Maschinen, die zunächst mit Pferden gezogen wurden, aber später auch mit Traktoren genutzt werden konnten und vollmechanisiert Garben bunden. Aus der Kombination fahrbarer Binder und fahrbare Dreschmaschine entwickelte der Mensch im Verlauf des 20. Jahrhunderts schließlich die ebenfalls mobilen Mähdrescher. Der erste selbstfahrende Mähdrescher eines deutschen Herstellers war der MD 1 der Maschinenfabrik Fahr; er wurde auf der DLG-Ausstellung in Hamburg im Jahr 1951 vorgestellt. Inzwischen stellen alle namhaften Hersteller Großmähdrescher her. In Zeiten von regenerativer Energie werden diese Maschinen nicht ausschließlich für die Lebensmittelproduktion verwendet, sondern finden immer häufiger Einsatz in der alternativen Energieerzeugung.

▼ Der Case Axial-Flow 8010 verfügt über einen Korntankinhalt von 10500 Liter.

◀ Bei den hydraulisch einklappbaren Maispflückern kann von einem Feld zum anderen gefahren werden, ohne das Maisgebiss abzukoppeln.
Das gesamte Maisgebiss besteht aus widerstandsfähigen, aber leichten Materialien, um eine optimale Effizienz und eine längere Lebensdauer zu gewährleisten.

◀ Der Rotor ist das Schlüsselelement der Erntephilosophie von Case IH. Das Erntegut wird in einem ununterbrochenen Gutstrom durch den Mähdrescher geleitet. Dank neuester Einzugs- und Rotorkonstruktion bietet ihr X-Clusive-Mähdrescher eine hervorragende Leistung.

◀ Der Körnerelevator des AF Xclusive ist für die hohe Leistung des Dresch- und Reingungssystems ausgelegt. Der Korntank bietet ein Fassungsvermögen von 7400 Litern.

▶ 6-Zylinder, 10,3 Liter-Motor mit elektronisch geregelter Einspritzung mit Turboladeluftkühlung und 410 PS sind die Leistungsdaten des Axial-Flow 8010.

▶ Case IH liefert den Axial-Flow-Mähdrescher mit einem Getreideschneidwerk oder Maisgebiss. Die Schneidwerke der Serie 2000 sind in den drei Arbeitsbreiten 6,10 m, 7,32 m und 9,15 Meter erhältlich.

▶ Anders als herkömmliche oder Hybridmähdrescher ist der Axial-Flow mit Einzelrotor beim Dreschen und Separieren nicht auf die starke Schlagwirkung der herkömmlichen Dreschtrommel angewiesen. Außerdem ist der Übergang zwischen Dresch- und Separiervorgang im Axial-Flow nicht abrupt. Dank des Einzelrotors geht der gesamte Prozess statt dessen nahtlos ineinander über, wodurch es zu weniger Kornbruch kommt.

▲ Der LEXION 570/570 C verfügt über einen hubraumstarken CAT C13 Motor. Mit 12,5 Litern und einer installierten Überleistungscharakteristik von 30 PS.

▲ Das riesige Korntank-Volumen von 10.500 Liter beim Lexion 570 / 580 und 9.600 beim Lexion 570 C reduziert die Abtankintervalle – die Entleerleistung liegt bei 100 l/s. Im Bild eine Version mit Terratruck-Fahrwerk.

▲ Für die MEGA Baureihe werden Mercedes-Motoren mit 245/258 PS eingesetzt. Der MEGA bringt ohne Schneidwerk, Häcksler und Spreuverteiler ein Gewicht von 11.800 kg auf die Waage.

▲ Mit dem Dominator hat Claas die ideale Erntemaschine für kleinere und mittlere Betriebe geschaffen, die eine zunehmende Eigenmechanisierung anstreben.

▲ Die Lexion Baureihe 500 ist ein Joint-Venture der Firmen Claas und Caterpillar Inc. und wird seit 2001 in Nordamerika für den amerikanischen und kanadischen Markt gebaut.

▲ Die acht Modelle der Baureihe bieten ein Leistungsspektrum von 311 bis 516 PS. Der 595 bringt 19.850 kg auf die Waage, mit Raupenlaufwerk an der Frontachse sogar 22.570 kg.

Challenger
Challenger
660

▲ Caterpillar war 1931 Vorreiter – man baute weltweit als erster Hersteller Dieselmotoren in landwirtschaftliche Geräte ein. Challanger nutzt in der 600er Serie diese Erfahrung. Der 660 birgt 300 PS unter seiner Haube.

▲ Mit Schnittbreiten von 6, 9 und 11 Metern und einer Leistung von 459 PS ist der Challenger 680 B gut auf seine Aufgaben vorbereitet. Um die Tankintervalle so gering wie möglich zu halten, bevorratet der Koloss 870 Liter in seinem Kraftstofftank.

▶ Die 54er Serie der Deutz-Fahr Mähdrescher verfügt über große Wartungsklappen, die einen ungehinderten Zugang zu den Kühlern ermöglichen. Zusätzlich zur Kühlluftreinigung über ein selbstreinigendes Drehsieb verfügen alle Motoren auch über einen automatischen Staubaustrag mit Ejektor.

▶ Die wassergekühlten 4- und 6-Zylinder-Turbodieselmotoren mit Leistungen von 115 bis 175 PS (85 bis 129 kW) sorgen für kraftvollen Antrieb und entsprechen den neuesten Abgasemissionsvorschriften.

▶ Mit einer Gestellbreite von 1,11 m und Motorleistungen von 115 PS bis 175 PS (85 bis 129 kW) sowie einer praxisgerechten Auswahl von Schneidwerken mit Schnittbreiten von 3,10 m bis 4,80 m bieten die 54er Mähdrescher für jeden Einsatz und jede Betriebsgröße die passende Maschine.

▲ Die 5- und 6-Schüttlermodelle 5650 H, 5660 HTS, 5680 H und 5690 HTS der Baureihe 56 verfügen über DEUTZ-Hochleistungsmotoren mit 169 kW (230 PS) bis 230 kW (313 PS).

▲ Die Fendt-Mähdrescher der E-Serie erweitern das Angebot um drei leistungsfähige 5- und 6-Schüttler Maschinen mit 220 und 250 PS, die sich durch robuste, einfache Technik bei hoher Wirtschaftlichkeit auszeichnen.

▶ Gleaner bedient seine Kundschaft mit fünf Modellen, dem R65, R75, A65 A75 und A85. Das Leistungsspektrum reicht von 300 bis 429 PS.
Gleaner gehört zum AGCO-Konzern.

▶ Mit einer Kornspeicherkapazität von 10 Tonnen und der Möglichkeit der Überladung während des Erntevorgangs, reiht sich der Gleaner in die Oberklasse ein.

▶ Der Hintergedanke der Gleaner-Ingeneure war, einen Mähdrescher zu konstruieren, der zügig von Farm zu Farm oder von Region zu Region fahren kann und im Lohneinastz den Lanwirten die Korn- oderMaisfelder aberntet.

▲ Die John Deere Mähdrescher 9000i WTS sind dafür konzipiert, auch unter schwierigsten Bedingungen (Nässe, Unkraut, hohe Erträge, große Strohmengen) gleichmäßig hohe Durchsätze zu erzielen.

▲ Der John Deere Mähdrescher 9780i ist für harte Arbeit unter schwierigen Bedingungen konzipiert. Die Motorleistung beträgt 260 kW (355 PS), für das Entleeren während der Fahrt steht zusätzliche Motorleistung zur Verfügung.

▲ Der John Deere 9880i STS Mähdrescher mit 12,5 Liter PowerTech Motor mit Vierventiltechnik hat 347 kW/465 PS. Sein Korntankinhalt fasst 14.000 Liter, der über ein Schnellentleerungssystem 120 Liter pro Sekunde fördert.

MASSEY FERGUSON
MASSEY FERGUSON

▲ MF 7244, MF 7245 und MF 7246 Activa (225 bis 245 PS) sind gebaut für jeden Einsatz, egal, ob Getreide, Raps, Sonnenblumen oder Mais zu dreschen sind.

▲ Den „5-Schüttler" MF 7260 und den „6-Schüttler" MF 7270 gibt es für den Einsatz in stark hängigen Regionen auch als AL-4-Variante mit automatischem Hangausgleich mit Allradantrieb. 275 und 330 PS treiben diese Maschinen an.

▲ Das HiStream 100 System der CEREA Mähdrescher ist in der Lage, bis zu 100 Tonnen pro Stunde zu fördern. 378 bis 413 PS sind bei solchen Höchstleistungen schon gefordert.

▲ Beide Cerea Mähdrescher sind auch mit AutoLevel-Hangausgleich verfügbar. Der komplette Mähdrescher wird automatisch um bis zu 12% geneigt. Dies geschieht stufenlos und völlig unabhängig vom Schneidwerk.

▲ Massey Ferguson baut die 9000er Serie für den amerikanischen Markt. Drei Modelle mit Leistungen von 300 bis 425 PS sin im Angebot.

▲ Der CSX7060 ist ein 5-Schüttler-Modell mit einer Schneidwerksbreite von bis zu 6,10 m, der CSX7080 hat 6 Hordenschüttler und eine Schneidwerksbreite von bis zu 7,32 m.

▲ Der CS6070 hat eine Nennleistung von 177 kW (240 PS), während das größte Modell der Baureihe, der CS6080, eine Nennleistung von 200 kW (272 PS) aufweist.

▲ Die CX-Modelle sind in 5- und 6-Schüttler-Versionen erhältlich. Die Motoren decken ein Nennleistungsspektrum von 177 kW (241 PS) bis 298 kW (405 PS) ab. Das große Korntankvolumen von 7600 bis 10.500 l verleiht den Maschinen Autonomie im Feld.

▲ Die modernen Cursor-Motoren von Iveco, die entweder mit Pumpe-Düsen-Einheiten (CR9080) oder mit Common-Rail-Einspritzung (CR9060) ausgestattet sind, leisten 317 kW (431 PS) bzw. 260 kW (354 PS) bei 2.100 min^{-1} Nenndrehzahl. Die Höchstleistung wird jeweils bei 2.000 min^{-1} erreicht und beträgt 337 kW (458 PS) beim Modell CR9080 und 290 kW (394 PS) beim Modell CR9060.

▲ Rostselmash ist ein rusischer Mähdrescherhersteller. Der wassergekühlte 8 Zylinder-YAMZ-238AK-Motor des Models Don-1500 bringt eine Leistung von 235 PS.

▲ Der Niva-Effect ist mit einem wassergekühlter 4 Zylinder Altay Turbodiesel mit 155 PS ausgestattet
Im Vector (unten) ist ein 6-Zylinder YaMZ 236-NK-2-Motor mit Turbolader eingebaut.

▲ Der Don Roque 170 wir von einem 6 Zylinder Turbodiesel mit 12,8 Liter Hubraum angetrieben. Drei Modelle stellt der argentinische Hersteller Vassalli fabril S.A. seinen Kunden zur Auswahl.

▲ Mit den Modellen Vassalli 1.300e und 1550e eroberte Vassalli fabril S.A. den argentinischen Markt. Auch in den Anrainerstaaten machten diese Modelle Furore.

▲ Der italienische Hersteller Laverda stattet seine REV-Baureihe mit Commonrail Dieselmotoren von IVECO aus.

▲ Die Laverda M-Baureihe ist mit Commonrail Sissu-Dieselmotoren mit 245 bis 335 PS ausgestattet. Den Treibstoffvorrat gibt der Hersteller mit 600 Liter an.

▲ Der Laverda LCS gleicht Schrägen von bis zu 20% aus. Der Korntank fasst 8.000 Liter

▲ Der türkische Uzel-Konzern hat seinen Wurzeln in Russland – hier wurde 1850 mit der Produktion handgemachter Wagen begonnen. Heute stellt Uzel neben Traktoren auch Erntemaschinen her.